一边玩橡皮泥  一边认识世界

橡皮泥科学实验室

【俄】柳德米拉·先绍娃　【俄】奥莉加·奇塔克　著　吴佳雯　译

北京理工大学出版社
BEIJING INSTITUTE OF TECHNOLOGY PRESS

图书在版编目（CIP）数据

橡皮泥科学实验室 /（俄罗斯）柳德米拉·先绍娃,（俄罗斯)）奥莉加·奇塔克著 ; 吴佳雯译. -- 北京 : 北京理工大学出版社, 2019.1

ISBN 978-7-5682-3581-5

Ⅰ.①橡… Ⅱ.①柳… ②奥… ③吴… Ⅲ.①科学实验—少儿读物 Ⅳ.①N33-49

中国版本图书馆CIP数据核字(2018)第243231号

© Brand book,A.A.Balatenysheva,2018
© Idea,text,L.Senshova
© Original design,Mann,Ivanov and Ferber
Authors of the clay models:Ludmila Senshova,Olga Chtak
Photographer:Viacheslav Mendzelintsev
The simplified Chinese translation rights arranged through Rightol Media
（ 本书中文简体版权经由小锐文化取得Email:copyright@rightol.com ）

出版发行 / 北京理工大学出版社有限责任公司
社　　　址 / 北京市海淀区中关村南大街 5 号
邮　　　编 / 100081
电　　　话 / (010)68914775（总编室）
　　　　　　(010)82562903（教材售后服务热线）
　　　　　　(010)68948351（其他图书服务热线）
网　　　址 / http://www.bitpress.com.cn
经　　　销 / 全国各地新华书店
印　　　刷 / 北京亚通印刷有限责任公司
开　　　本 / 889毫米×1194毫米　1/16
印　　　张 / 5.25
字　　　数 / 50千字
版　　　次 / 2019年1月第1版　2019年1月第1次印刷
定　　　价 / 58.00元

责任编辑 / 马永祥
文稿编辑 / 马永祥
责任校对 / 周瑞红
责任印制 / 李志强

图书出现印装质量问题，请拨打售后服务热线，本社负责调换

借助橡皮泥一起
学习吧

本书的目的不是教会小朋友怎么捏橡皮泥，而是希望小朋友能够借助橡皮泥认识周围的世界，并且让他们理解，这个世界是如何建立的。同时，激发孩子们对知识的渴求，让他们渴望每天都能有新发现。

为此，您需要准备橡皮泥、牙签、饮料吸管、棉棒和铅笔，用这些东西来钻孔、刻花纹。

所有看起来复杂的橡皮泥图案都是由几种基础模型组成的。捏橡皮泥要用到的所有基本模型都在这本书里了—— 球状、棍状、饼状。用这三样模型可以捏出其他所有元素。

孩子们，橡皮泥和科学更配哦！

目 录

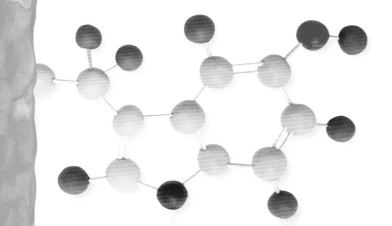

让好奇宝宝
动起来

好奇宝宝

我们先来认识一下吧：这是好奇宝宝。它是一个小小的、充满好奇心的家伙。在这个世界上，它最喜欢干的事情就是听故事。就是因为这样，它的耳朵才会长得这么搞笑吧。

好奇宝宝的其他地方和普通小孩子都是一样的：它喜欢问问题，它想要对这个世界了解得更多一点。

好奇宝宝酷爱做实验。它很想知道，不同的东西都是怎么做出来的。比如，火山或者分子是怎么建成的。好奇宝宝是位真正的研究者。他还喜欢捏橡皮泥呢。

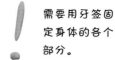

需要用牙签固定身体的各个部分。

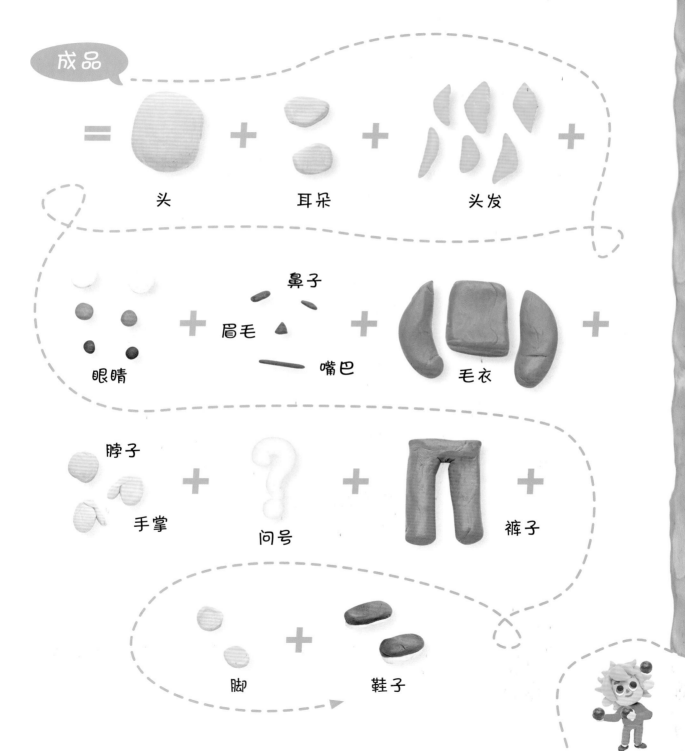

成品

= 头 + 耳朵 + 头发 +

眼睛 + 眉毛 鼻子 嘴巴 + 毛衣 +

脖子 手掌 + 问号 + 裤子 +

脚 + 鞋子

地球

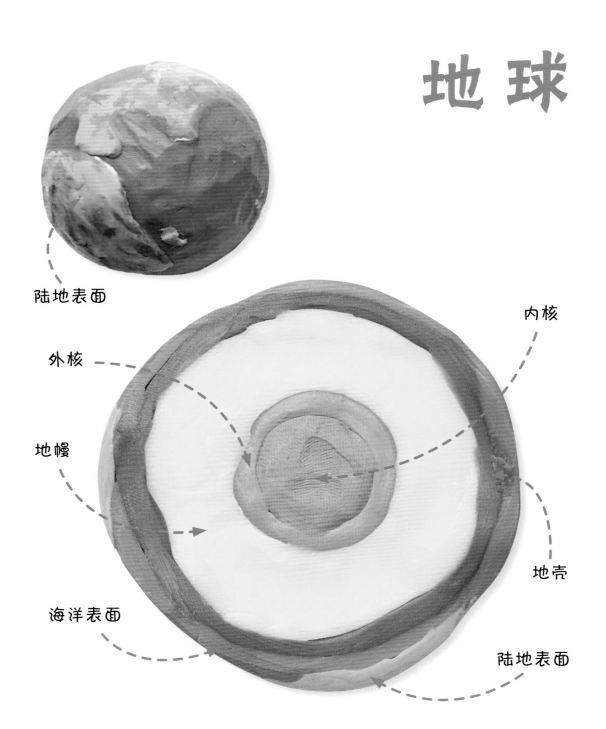

陆地表面

内核

外核

地幔

地壳

海洋表面

陆地表面

　　地球是太阳系从内到外的第三颗行星，其大小在八大行星中排第五位。科学家的研究表明，地球是在大约46亿年前由太阳星云演化而来的。

1 地球有着层状结构。固体外壳，即地壳，覆盖在地球圈层的最外层。地壳下是地幔。地球最中心的部分是地核。内地核是固体结构，外地核是液体结构。外地核的密度大于地幔。

地壳是由板块组成的。这些板块沿着地幔表面以每年几厘米的速度移动着。由于这些板块运动，地球的外表一直在改变：在板块聚合的地方出现了山脉，而在板块张裂的地方则形成了凹陷。严重的板块碰撞会引起地震和火山喷发。

成品

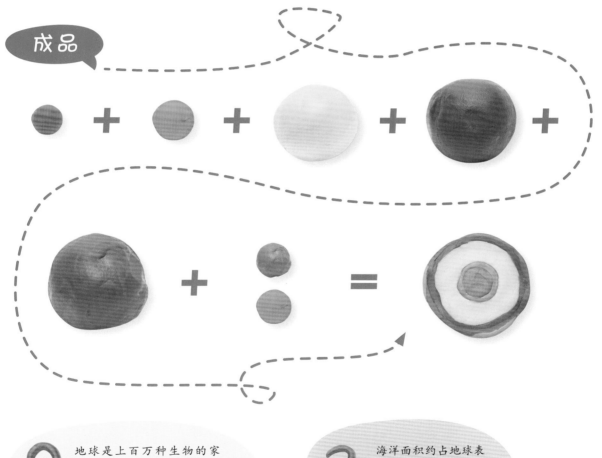

2 地球是上百万种生物的家园，这些生物中也包括了人类。科学家们认为，地球上的生命在很早以前（地球形成后不久）就已经出现了。

3 海洋面积约占地球表面的70%，剩下的约三分之一的面积是大陆和岛屿。

太阳系

海王星

天王星

木星

土星

月亮

地球

火星

水星

金星

太阳

小行星带

我们的地球位于太阳系，而太阳系又属于银河系。除了行星及其卫星外，其他环绕太阳运转的宇宙天体也属于太阳系。

成品

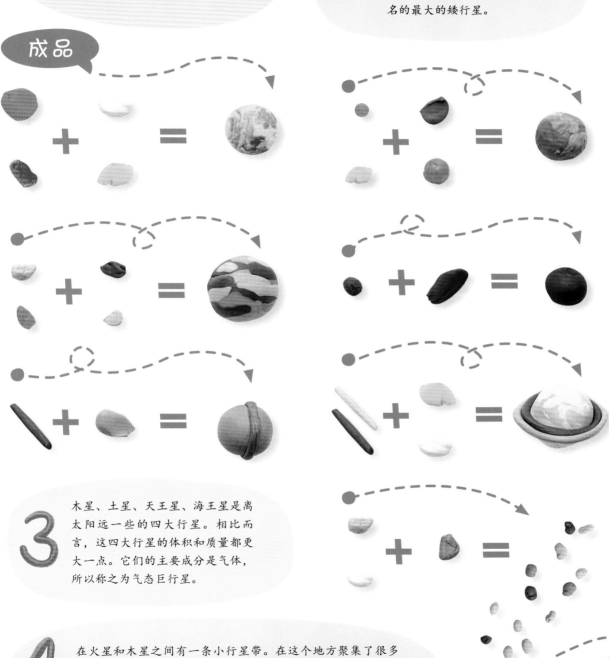

3

木星、土星、天王星、海王星是离太阳远一些的四大行星。相比而言，这四大行星的体积和质量都更大一点。它们的主要成分是气体，所以称之为气态巨行星。

4

在火星和木星之间有一条小行星带。在这个地方聚集了很多宇宙天体以及它们的碎片。这是太阳系中最大的小行星密集区域。

运载火箭

头部整流罩
当火箭飞出浓密的大气层后，第二个从火箭上脱离。

第三级装置
当火箭的速度达到每秒7900米的时候，最后一个脱离。

宇宙飞船
这是宇航员所在的位置，在这里可以操控宇宙飞船。

四氧化二氮
被称为"氧化剂"的燃料成分。

第二级装置
在头部整流罩之后脱离。

偏二甲肼（jǐng）
被称为"燃烧剂"的化学成分。

发动机
四氧化二氮和偏二甲肼在这里混合、燃烧，然后变成可以形成反推力的气体。

第一级侧面装置
燃料燃烧后第一个脱离。这发生在火箭发射两分钟之后。

稳定装置
它对火箭的平稳飞行而言是必需的。

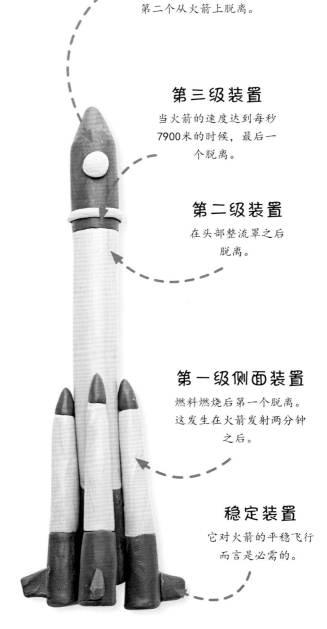
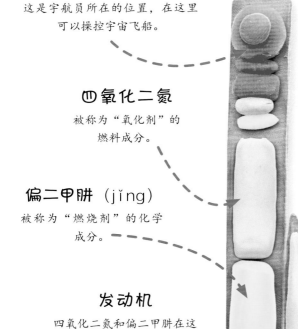

图示的运载火箭是用于发射宇宙飞船的三级运载火箭。2003年10月15日北京时间9点整，在酒泉卫星发射中心，"长征二号F"运载火箭将杨利伟乘坐的"神舟五号"飞船送进太空。

1 杨利伟按时向地面报告情况，直到返回大气层中断通信之前都与地面保持通话，告知一切正常。在"神舟五号"开始第八次环绕地球轨道时，杨利伟告诉地面上的妻子："在太空感觉很好，太空的景色非常美。"杨利伟在太空吃了三顿"还挺丰富的"、"做得有航天特点的"饭。所有的食物都是"必须一口能吃得下去的，防止残渣去飘"。

成品

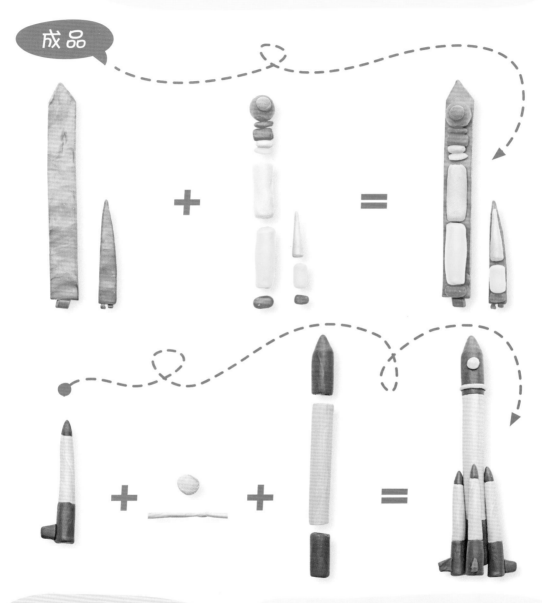

2 地面和宇航员一直保持着双向的无线电通信。

3 在环绕地球轨道十四周，航行了超过60万千米后，"神舟五号"于北京时间2003年10月16日早晨6时23分在内蒙古主着陆场成功着陆。

太空服

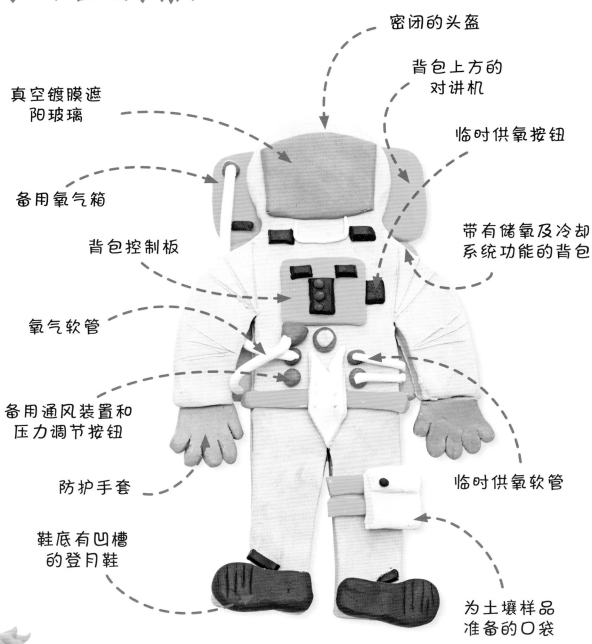

密闭的头盔

背包上方的
对讲机

真空镀膜遮
阳玻璃

临时供氧按钮

备用氧气箱

带有储氧及冷却
系统功能的背包

背包控制板

氧气软管

备用通风装置和
压力调节按钮

防护手套

临时供氧软管

鞋底有凹槽
的登月鞋

为土壤样品
准备的口袋

太空服不仅仅是衣服。是保护宇航员在太空不受低温、射线等的侵害并提供人类生存所需的氧气的保护服。是模拟人类身形的小型航天站。全世界的很多科学家在研究太空服。

为了登上月球，美国发明了A7L型太空服。第一件这样的太空服可以在月球上持续工作6小时。这件太空服是由17层不同的材料制成的。在最外层下面是一件专业的飞行服，设计师在飞行服里缝了一根管子，水就能不断地沿着管子循环，这样，宇航服就能维持宇航员所需的温度。这件太空服的重量约为90公斤。

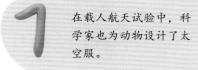

1 在载人航天试验中，科学家也为动物设计了太空服。

! 从背包开始做，然后再做太空服的基础以及其他小零件。

成品

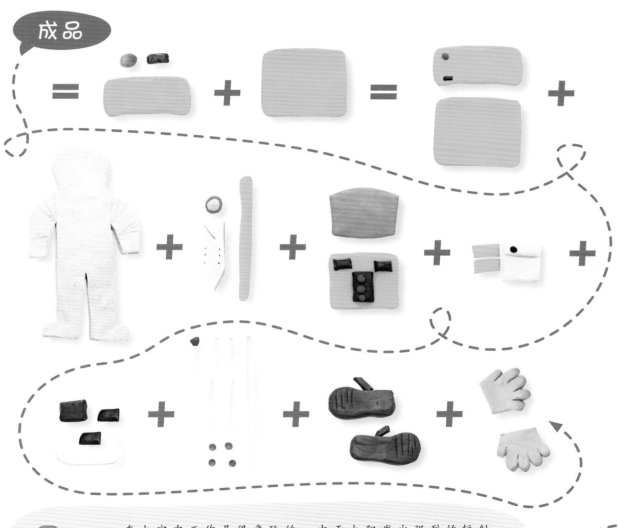

2 在太空中工作是很危险的。由于太阳发出强烈的辐射，那里的温度会在-150℃～150℃之间波动。宇航员可能会碰到太空垃圾或者是流星体。所以人们需要经常修整和改进太空服。他们在太空服上添加了天线、太阳能电池和其他配件。

月球车

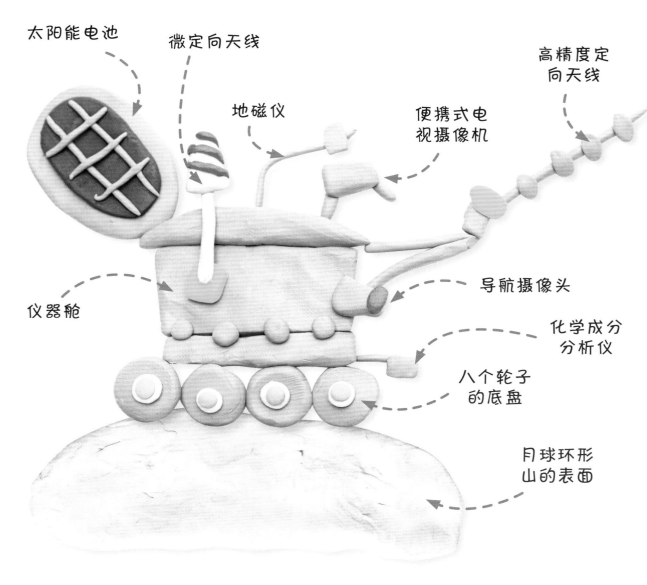

太阳能电池

微定向天线

地磁仪

便携式电视摄像机

高精度定向天线

导航摄像头

仪器舱

化学成分分析仪

八个轮子的底盘

月球环形山的表面

　　"月球车一号"是世界上第一辆登上月球的探测器。人们用月球探测器把它送上月球。它的任务是研究月球表面。人们就在地球上远程遥控它。月球车行驶得非常慢，一小时最多能前进两公里。

1 月球车花了整整11个月亮上的白天，研究了月球上的环形山和土壤。如果换算成地球上的日子的话，是10个半月——不到地球时间的一年。

2 这段时间内，月球车沿着月球表面行进了约10公里，传回地球两万多张照片。

成品

星座

北冕星座

长蛇星座

牧夫星座

仙女星座

仙后星座

天龙星座

英仙星座

仙王星座

天猫星座

星星是遥远的气态恒星。天空中大部分的星星看上去都是白色的，但是通过望远镜观察的时候，它们可能是红色的、黄色的甚至是蓝色的。星星的颜色取决于它的温度。温度非常高的星星是蓝色或者是白色的，而温度非常低的星星则是浅红色的。温度适中，就像太阳一样的星星是橙黄色或者黄色的。

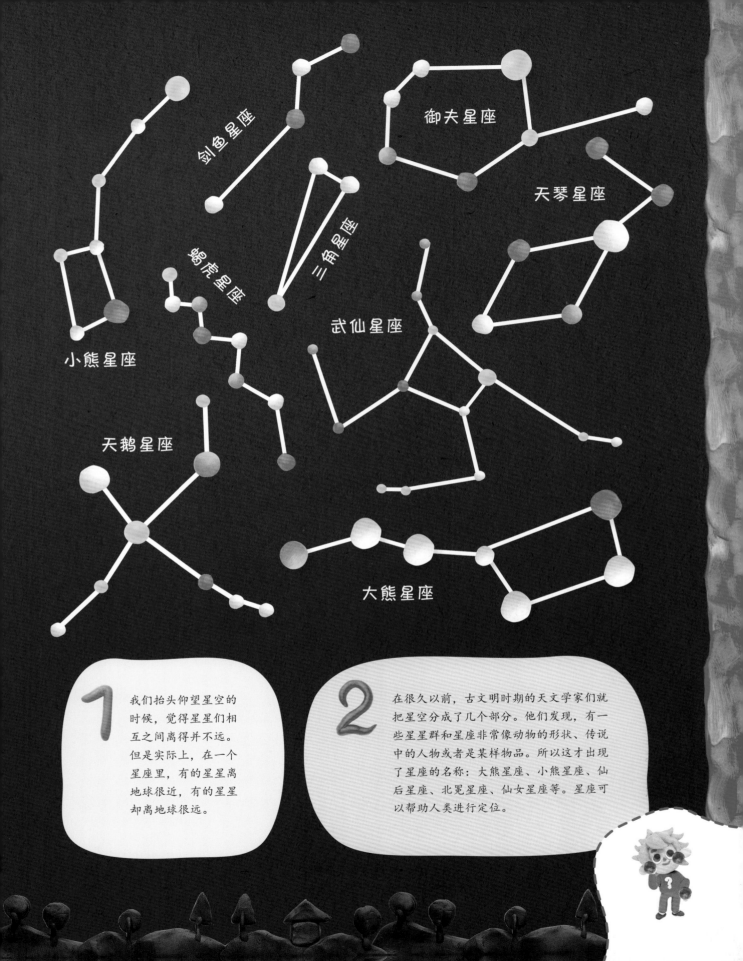

剑鱼星座

御夫星座

天琴星座

蝎虎星座

三角星座

武仙星座

小熊星座

天鹅星座

大熊星座

1 我们抬头仰望星空的时候，觉得星星们相互之间离得并不远。但是实际上，在一个星座里，有的星星离地球很近，有的星星却离地球很远。

2 在很久以前，古文明时期的天文学家们就把星空分成了几个部分。他们发现，有一些星星群和星座非常像动物的形状、传说中的人物或者是某样物品。所以这才出现了星座的名称：大熊星座、小熊星座、仙后星座、北冕星座、仙女星座等。星座可以帮助人类进行定位。

当太阳光从侧面照射月亮的时候，月亮看起来像个镰刀。

月 相

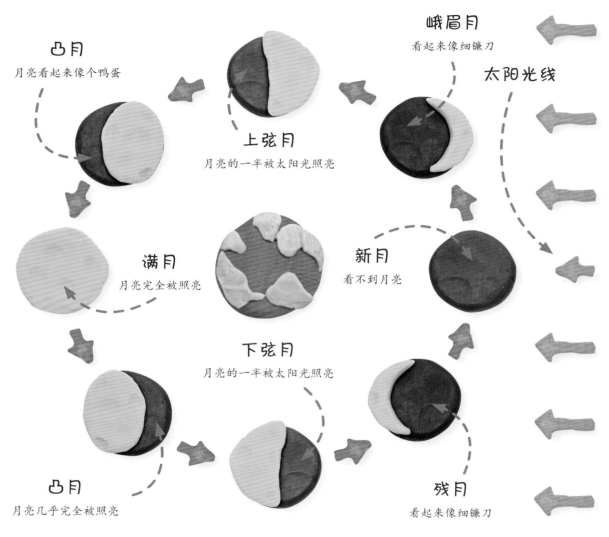

凸月
月亮看起来像个鸭蛋

上弦月
月亮的一半被太阳光照亮

峨眉月
看起来像细镰刀

太阳光线

满月
月亮完全被照亮

新月
看不到月亮

凸月
月亮几乎完全被照亮

下弦月
月亮的一半被太阳光照亮

残月
看起来像细镰刀

月球表面遍布着灰棕色或褐色的土壤。月亮本身并不能发光，只是反射太阳的光线。因此我们看到的月亮只是被太阳光照到的那部分。地球与太阳的位置无时无刻不在变化，因此每天晚上我们看到的月亮都是不同的样子。

你想要学习怎么区分上弦月和下弦月吗？这并不难。对于生活在北半球上的我们来说，可以按照如下规则进行区分：如果天上的月牙看起来像字母C，那么这就是残月，说明到了下弦月；如果给天上的月牙加上一个小棍可以组成字母P，那么这就是一个正在"生长"的月亮，是上弦月。在南半球的话上面两条规则要反过来。

1 即使太阳已经落下了地平线，但还是可以根据月亮发光的一面来判断太阳的位置。

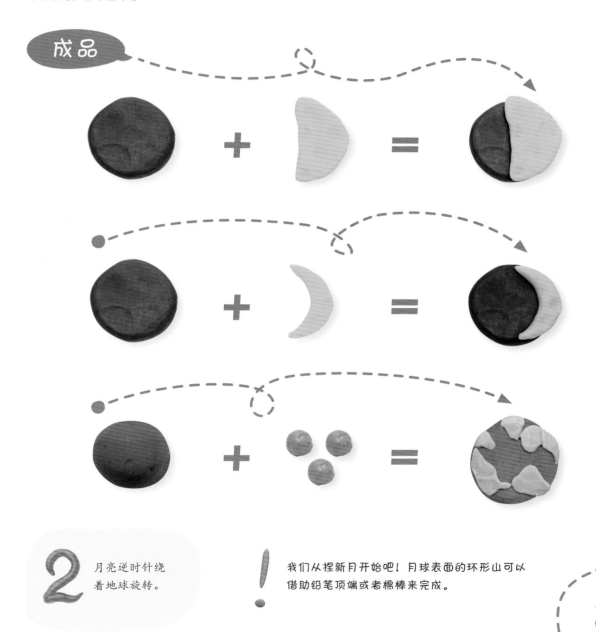

成品

2 月亮逆时针绕着地球旋转。

! 我们从捏新月开始吧！月球表面的环形山可以借助铅笔顶端或者棉棒来完成。

小行星

小行星是形状不规则的小天体。小行星沿轨道绕太阳运动。

彗星

彗星是由冰、气体和尘埃、岩石混杂组成的小天体。当彗星接近太阳时，冰会融化，而气体和尘埃会形成长长的轨迹或尾巴（彗尾）。这个发光的轨迹能达到几百千米，因此在星空中能清楚地看到彗星。彗星在民间被称为"扫把星"。

流星体

流星群

流星群是由石头和铁形成的天体。体积比小行星小。

流星

流星是天空中的发光带。当流星体飞越地球大气层时流星就出现了。通常流星群由于空气摩擦而强烈放热，它们的飞行速度极快。在这一瞬间它们部分或完全燃烧，留下一条明亮的尾迹。

流星雨

当许多流星体及其碎片落到地表时，就会形成流星雨。

火流星

能在白天看到的明亮的流星叫火流星。

掠地流星

是穿越大气层但不落到地表上的天体。它似乎被大气层阻拦，不接触地表，又飞回宇宙。

陨星

陨星飞越地球大气层并到达地表。古希腊语中陨星的意思是"天上的石头"。落到地球上的叫陨石。

流星体是沿着轨道绕太阳运动的小型固态的天体。流星体通常是小行星或彗星的碎片，有时是月球和火星的碎片。

陨石学是研究流星体的学科。陨石学是天文学与地质学交汇的学科，因为它不仅研究天体的运行也研究天体的组成与结构。

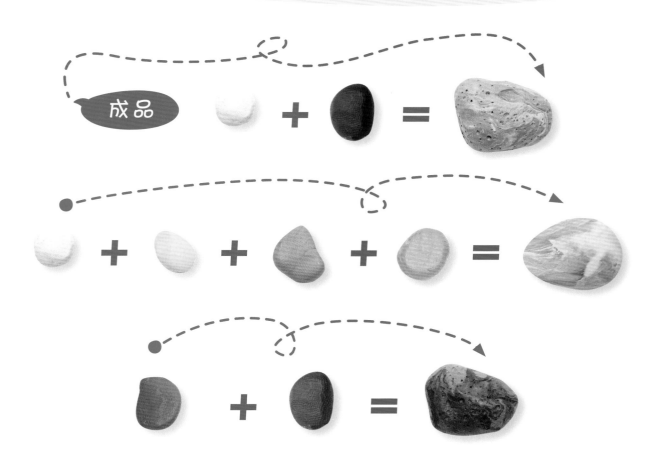

成品

! 为了制作小行星和流星群，要将黑色和白色的橡皮泥混合起来，做成石头后借助牙签或者棉签制作环形山。

! 为了制作流星、掠地流星和火流星，要将白色、黄色、红色和橙黄色的橡皮泥混合起来，做成球后用手指捏搓出"尾巴"。彗星和流星雨同样这么做，但是要使用黄色的橡皮泥。

大气层

散逸层：超过800千米

火箭

卫星

热成层：约80~800千米

流星雨

极光

中间层：约50~80千米

夜光云

平流层：约17~50千米

臭氧层

喷气式飞机

对流层：约8~17千米

卷云

气球

飞机

积雨云

积云

地表

大气层是地球的气体覆盖层。大气层与地球像一个统一的整体一起转动。大气层保护地球避免太阳辐射和宇宙低温。此外，大气层含有供生物呼吸的气体。大气层在距地面约800千米处的散逸层逐渐进入星际空间。

1 对流层

地球的气候形成于此。对流层含有大量的水蒸气和灰尘，会形成风、气旋和反气旋，云层漂浮在对流层。气温随着地表高度的增加而降低。

2 平流层

包括吸收太阳辐射的臭氧层。通常喷气式飞机在这里飞行，因为平流层中的能见度很好，并且几乎不存在天气条件引起的干扰。

3 中间层

在中间层温度会随着高度上升而下降到约-90℃。进入大气层的大多数天体正是在这里燃烧。

4 热成层

这里的气温快速上升，在上层部分气温达到1200℃。这里的空气密度非常低，热成层也被认为是外层空间。热成层有国际空间站。此外这里还会产生极光。

5 散逸层

几乎不含气体。传输天气数据的人造地球卫星在这里飞行。

! 准备八张蓝色彩纸，从制作地表开始，然后从低到高制作每一层。

 不要忘记每层包含的物体。

卷云

卷云是由冰晶组成的云。这种云和薄薄的白色纤维很像，呈带状分布。

卷层云

是薄薄的、非常干净的云。这种云就像是一层笼罩在天空的薄膜一样。透过卷状云，可以清晰地看到太阳或是月亮。

积雨云

是厚度大、密度也大的云。这种云的高度可达15千米，能形成丰富的降雨，同时还会伴有冰雹和雷电。一般来说，"乌云"这个词指的就是这种云。

卷积云

是体积不大的云。这种云就像轻风吹皱的水面一样。卷积云经常预示着要起风暴了。

积云

是密度大的云。这种云在白天是白色的，看着像一些稀奇古怪的东西或者动物。积云被称为好天气的信使。

和大气下层相比，大气的上层要冷得多。所以从地面上升的暖空气冷却后变成了极小的水滴和冰晶。云有三种基本的形态：卷云、积云和层云。层云是一种过渡的形态。这三种云在成分上存在差别，同时它们在空中的高度也不一样。

高层云

看上去就像是厚实的灰色幕布。
一般情况下，这种云一般会带来
降雨或降雪。

层积云

是灰色的云。这种云是由被光分成的几大排或几大团云
组成的。有时候它会汇合成厚实的波状的灰色云。层积
云很少会带来降雨，就算是降雨，也是短暂的小雨。

高积云

是白色、灰色或是淡蓝色的云。这种
云和小球、山岭很像，并且会经常聚
集在一个地方。

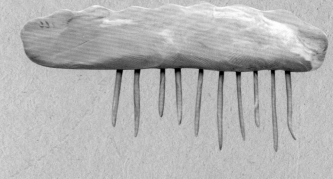

雨层云

是成片的暗灰色的云。这种云常
会带来降雨。

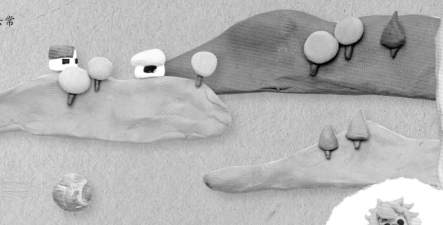

把黑色和白色的橡皮泥混合在一起，就能得到类似灰色能下雨的云的颜色。

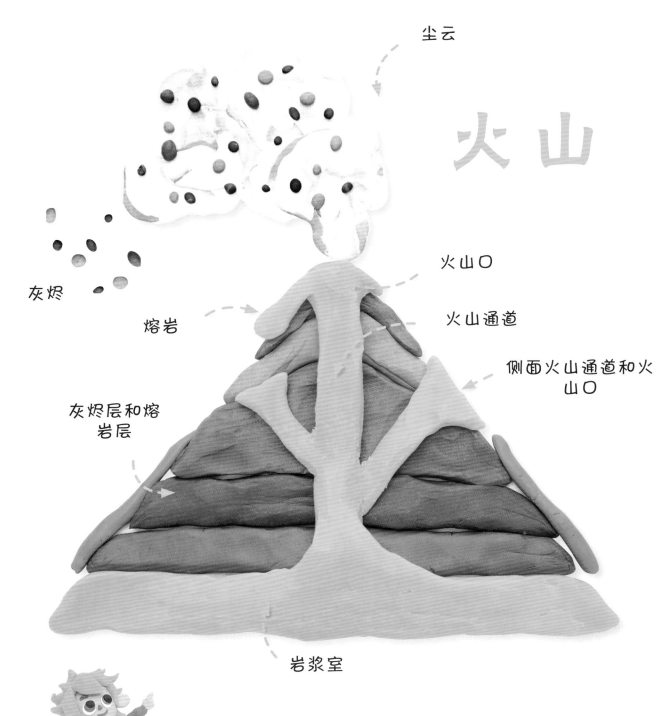

尘云

火山

灰烬

熔岩

火山口

火山通道

侧面火山通道和火山口

灰烬层和熔岩层

岩浆室

火山是地球上最危险、最有趣的形成物之一。火山喷发的时候，炽热的岩浆向外流出。从火山口喷出巨大的火山气柱和火山灰柱，小石子飞得到处都是。

火山分活火山和死火山。近一万年喷发过的火山叫作活火山。有的活火山被认为是休眠火山，但是休眠火山可能在任何一个时候都会喷发。科学家们把他们认为永远都不会喷发的火山叫作死火山。

成品

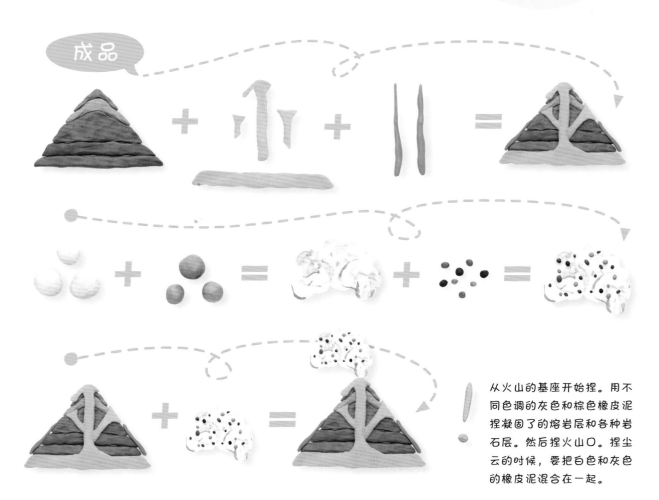

从火山的基座开始捏。用不同色调的灰色和棕色橡皮泥捏凝固了的熔岩层和各种岩石层。然后捏火山口。捏尘云的时候，要把白色和灰色的橡皮泥混合在一起。

河流系统

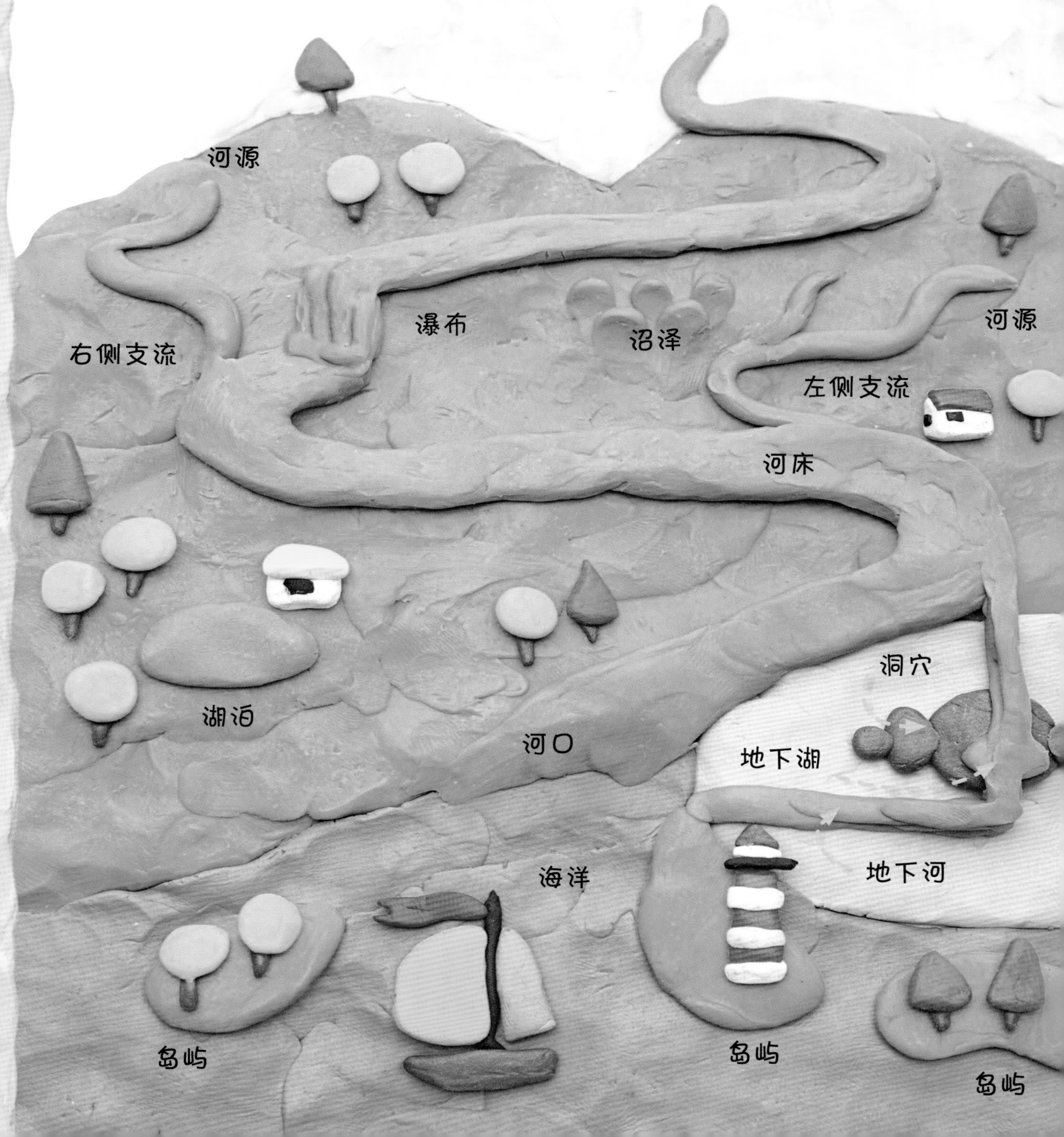

河源

河源

瀑布

沼泽

河源

右侧支流

左侧支流

河床

洞穴

湖泊

河口

地下湖

海洋

地下河

岛屿

岛屿

岛屿

河流是天然的水流。它沿着天然的沟渠——河床流淌。河流的起源地叫作河源。河流的终点，即河流注入海洋、大的湖泊、水库或其他河流的地方叫作河口。河流系统包括干流以及干流的所有支流。

成品

1 汇入干流的小河流叫作支流。

= 平原 + 山脉 +

海洋 + 地下洞穴 + 干流和支流 +

湖泊 + 岛屿

2 三角洲地势低平，河网密布。一般位于河流的下游，近河口处。

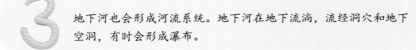

3 地下河也会形成河流系统。地下河在地下流淌，流经洞穴和地下空洞，有时会形成瀑布。

树木

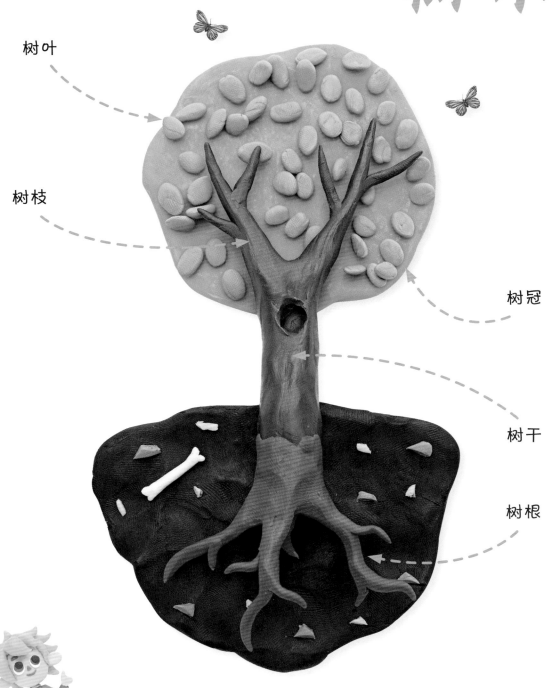

树叶

树枝

树冠

树干

树根

大树是地球上最重要的生命形式之一。没了大树，所有大自然的生命，其中也包括人类，都将无法生存。

左边我们捏的是夏天的大树。试着捏一捏不同季节的大树吧：春天的大树是开花的，秋天的大树是黄色或红色的，冬天的大树是光秃秃的。

成品

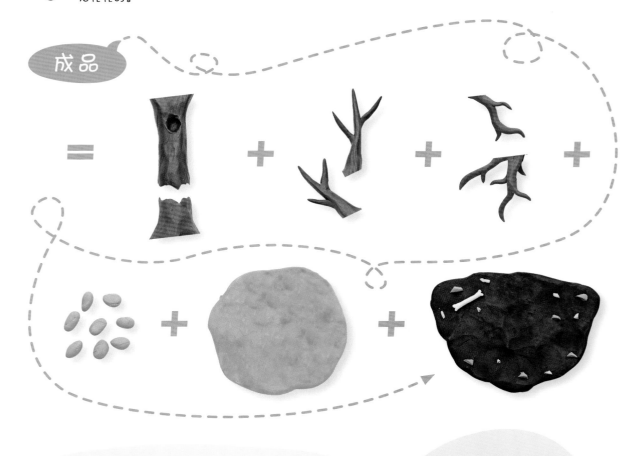

1 很久以前，纸还没有被发明的时候，人们用树叶记事。多亏了树叶，我们才能知道几个世纪前发生的事情。

2 树干是大树的轴。树冠是大树所有叶子的总称。树根是地下的分枝，树根可以使大树屹立不倒。同时，树根从土壤中吸取养分和水分，滋养着大树。

3 大树会产生我们呼吸所需的氧气，也会提供给我们可食用的果实。木材可以用在各种不同的领域——从造船、建房子到制作乐器、制药都用得到木材。

叶 子

椭圆形

三角形

披针形

长披针形

锹形

锥子形

圆形

针形

长椭圆形

卷状锹形

箭头形

倒心形

心形

卵状披针形

叶子由叶片和叶柄组成。叶片是叶子的主要部分，叶子的重要功能——光合作用和水汽交换就是在叶片内进行的。

1 按形状来看，树叶有单叶和复叶之分。单叶形状的叶子在叶柄上只有一张叶片。而叶柄上有多张叶片的就是复叶形状的叶子。

掌状半裂形

矛形

菱形

三叶形

卷须形

芽形

二回羽状形

裂叶形

盾形

奇数羽状形

掌状复叶形

偶数羽状形

2 叶子有叶柄，叶片借助叶柄可以牢牢地固定在叶茎上。

3 光合作用是在光照下进行的，在叶片中形成养分的过程。在此过程中，二氧化碳被吸收并转化为氧气。有一种特殊的物质参与了光合作用——叶绿素。是叶绿素将树叶染成了绿色。

昆虫

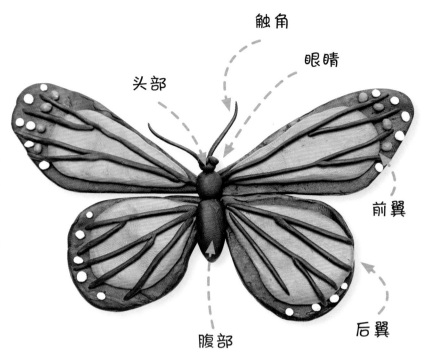

触角

眼睛

头部

前翼

腹部

后翼

昆虫是地球上数量最多的小型动物群体。用科学语言来说，昆虫是节肢无脊椎动物门中的一纲。昆虫的体表由很多细小的部分组成，就像铠甲一样保护着自己的身体，所以被称为外骨骼。

成品

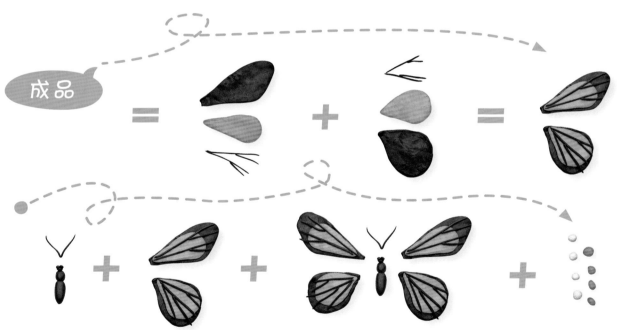

1 昆虫的身体由三部分构成：头部、胸部和腹部。这三个部分都是通过胸部连在一起的。除此之外，胸部两侧还有两对翅膀。头部有一对触角和一双眼睛。

2 昆虫的大小各不相同。有勉强看得到的，不到一毫米长的，也有巨大的，达到30厘米长的。

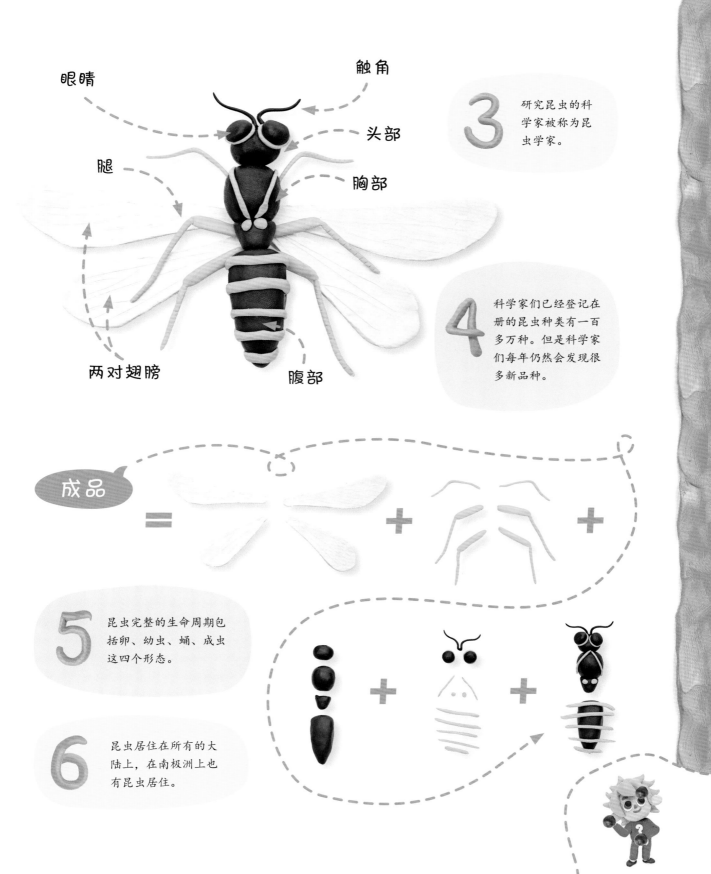

眼睛

触角

头部

胸部

腿

两对翅膀

腹部

3 研究昆虫的科学家被称为昆虫学家。

4 科学家们已经登记在册的昆虫种类有一百多万种。但是科学家们每年仍然会发现很多新品种。

成品 =

5 昆虫完整的生命周期包括卵、幼虫、蛹、成虫这四个形态。

6 昆虫居住在所有的大陆上，在南极洲上也有昆虫居住。

花朵

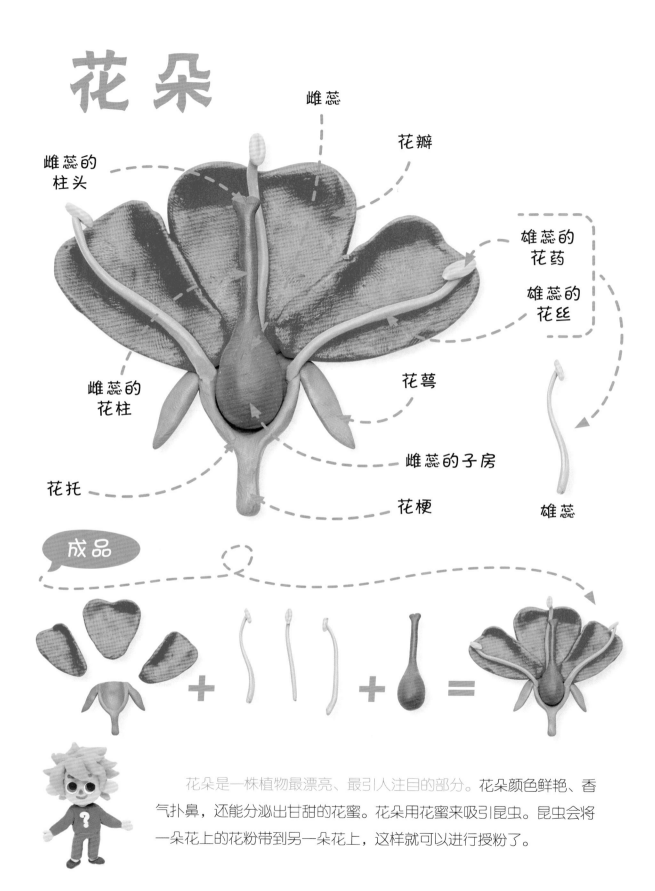

雌蕊

雌蕊的柱头

花瓣

雄蕊的花药

雄蕊的花丝

雌蕊的花柱

花萼

雌蕊的子房

花托

花梗

雄蕊

成品

花朵是一株植物最漂亮、最引人注目的部分。花朵颜色鲜艳、香气扑鼻，还能分泌出甘甜的花蜜。花朵用花蜜来吸引昆虫。昆虫会将一朵花上的花粉带到另一朵花上，这样就可以进行授粉了。

1 一朵花由茎生部分（花梗和花托）、叶子部分（花萼和花瓣）以及生殖部分（雄蕊和雌蕊）构成。

2 想要让花朵变成果实的话，授粉是必需的。比如说，需要引进新品种的时候，花朵就会借助风或者人的帮助进行授粉。

叶柄

花序

叶片

花蕾

刺

叶子

茎

成品

植物细胞

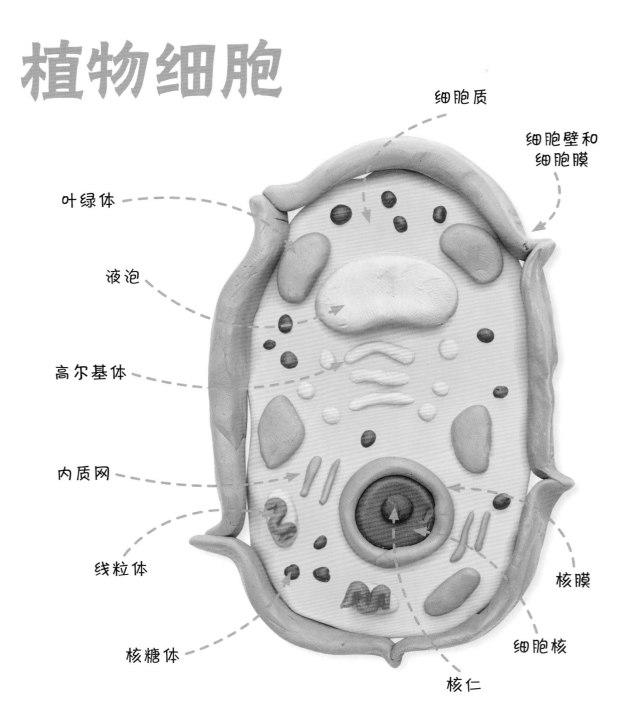

细胞质

细胞壁和
细胞膜

叶绿体

液泡

高尔基体

内质网

线粒体

核膜

核糖体

细胞核

核仁

细胞是植物体最小的结构单位，只有在显微镜下才能被观察到。但它也是一个非常复杂的结构。请想象一下，一个有多个隔间的房屋，里面的住户友好相处，各司其职。细胞就是这样的一个小房子，正是由于里面的邻居们齐心协力地工作，细胞才得以获取养分，呼吸，获取有益物质，抵御有害物质。

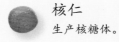
核仁
生产核糖体。

细胞核
是细胞中心和
信息库。

核膜
阻止有害物质进入
细胞核，同时允许
有益物质进入。

内质网
提供营养物质。

核糖体
形成蛋白质。

细胞质
组合各个部分。

细胞壁和细胞膜
保护细胞，同时是接收空
气和有益物质的窗口。

液泡
贮藏有益物质。

高尔基体
负责对细胞合成的蛋白质进行加
工，并输送到需要的地方。

叶绿体
是细胞的温室，光合
作用在这里进行。

线粒体
是细胞能量的"动
力工厂"。

动 物 脚 印

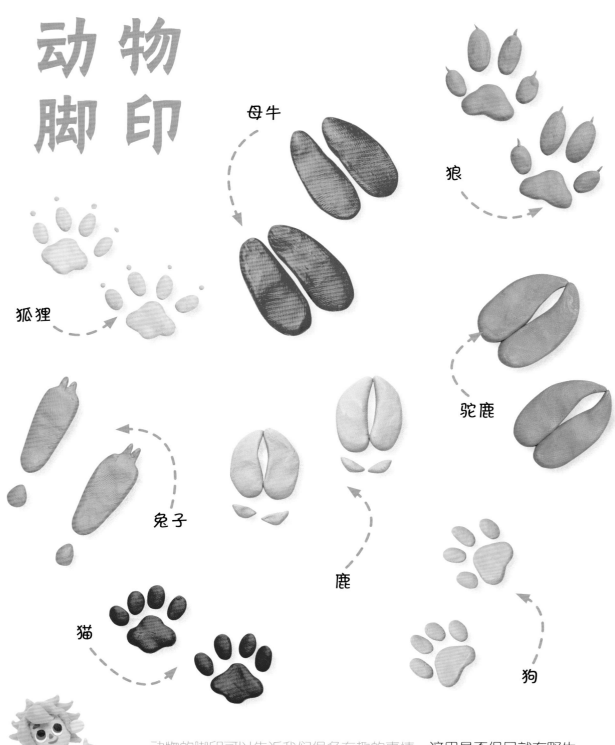

母牛

狼

狐狸

驼鹿

兔子

鹿

猫

狗

动物的脚印可以告诉我们很多有趣的事情。这里是否很早就有野生动物涉足，它曾在这里着急地奔跑还是悠闲地散步，是单独行动还是和它的同伴们在一起，它多大了……所有这些问题都可以通过它们留下的脚印以及地面的状态判断出来。

那些可以识别或看懂各种野兽及鸟类脚印的人被叫作跟踪追捕猎人。这些人可以发现很多秘密。比如，他们知道成年的狗用四个脚趾站立，而小狗用五个；雄性动物和雌性动物的脚印是不一样的；动物的脚印也会随着季节不同而变化，因为有些动物会在特定的季节长出长长的毛发。

人体骨骼

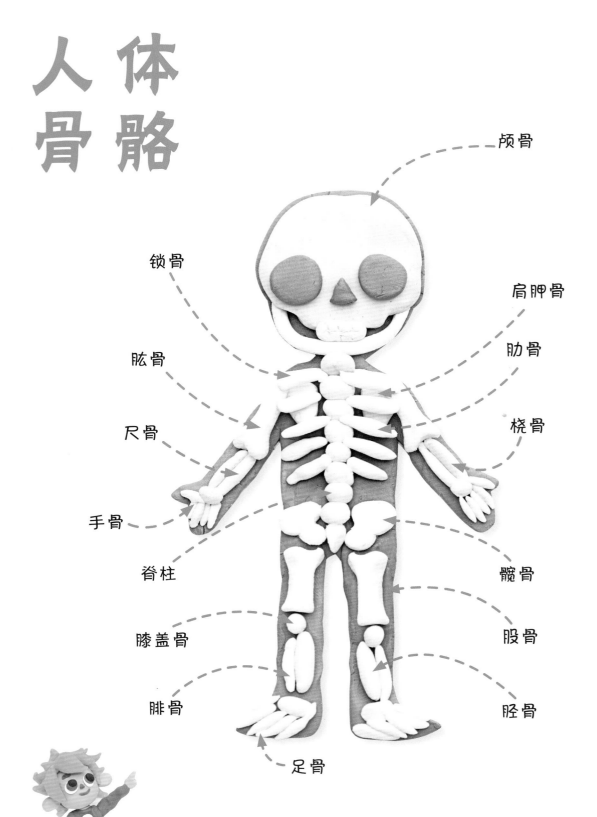

颅骨

锁骨

肩胛骨

肱骨

肋骨

尺骨

桡骨

手骨

脊柱

髋骨

膝盖骨

股骨

腓骨

胫骨

足骨

骨骼不但是人体结构的支柱，还起到保护内脏的作用。一个成年人的骨骼共有两百多块，它们基本是由关节、韧带及肌肉连接起来的。

人体所有的骨骼都是相互连接的，但有一个例外，那就是舌骨，它位于咽喉上部，不与任何其他骨骼连接。

1 小孩的骨骼数量比成人多。随着年龄的增长，有一些骨头会渐渐长到一起，比如颅骨、髋骨和脊柱。

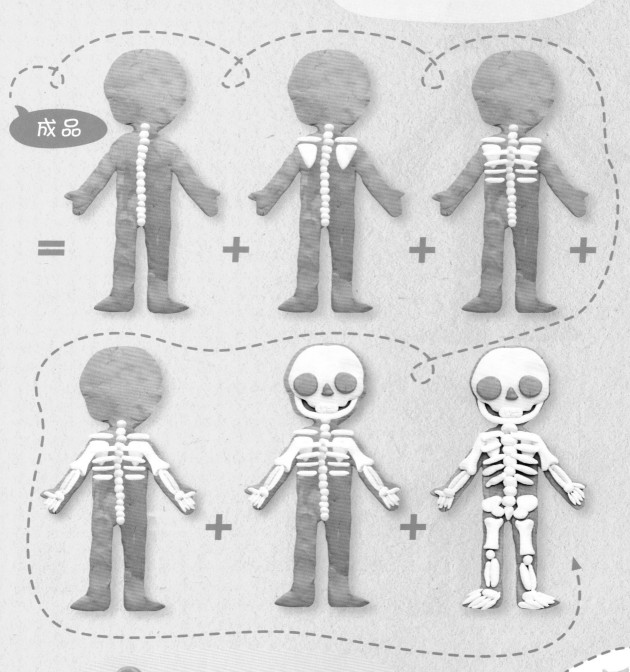

成品 =

+

+

+

+

2 最长的骨头是股骨，最小的骨头在耳朵上，叫作镫骨。

人体系统

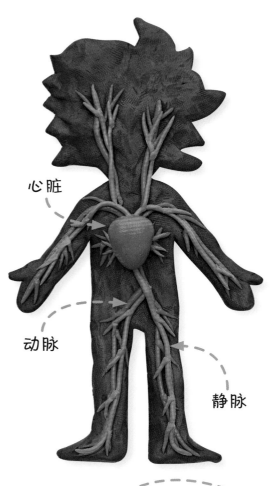

心脏

动脉

静脉

血液循环系统

左边是一组负责血液循环的器官。血液起着十分重要的作用：它为细胞输送氧气和营养物质，并对二氧化碳及其他生命活动的残渣进行回收。

1 心脏是人体的发动机。它不断地收缩和舒张，使得血液在血管中流动。

成品

2 动脉血是鲜红的，而静脉血的颜色相对较深。

3 动脉将富含氧气的血液从心脏输送到各个器官。随后血液又携带着二氧化碳通过静脉回到心脏，接着进入再次充满氧气的肺部。

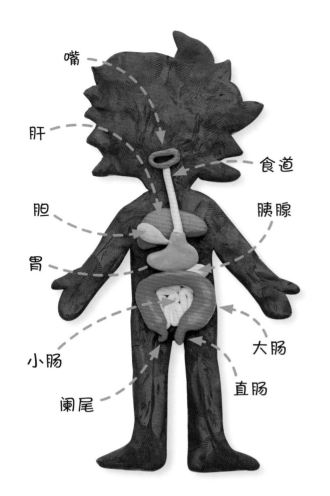

嘴
肝
胆
胃
小肠
阑尾
食道
胰腺
大肠
直肠

消化系统

这一组器官的作用是加工食物并排出不能被消化的食物残渣。人吃下的食物从口腔进入，一直流向大肠。

1 人在吞咽食物的时候，会厌软骨向下，关闭喉腔，这样食物就会进入食道，而不会进入呼吸道。

成品

= + + +

2 食物首先被牙齿咬碎，然后经过唾液的浸泡，再经过食道进入胃。食物在胃中经过胃酸的加工后进入肠。经过这些步骤后，食物中有益的物质才能被吸收并分配到整个机体。

大 脑

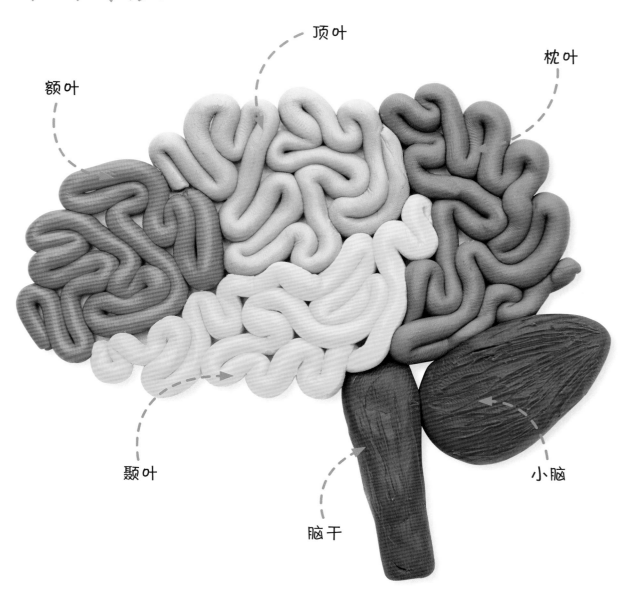

顶叶

枕叶

额叶

颞叶

脑干

小脑

大脑是中枢神经系统最重要又复杂无比的器官。它由大量的神经细胞组成，就像是一台最完善的计算机。它通过感官处理信息、制定计划进而作出决定。大脑负责我们的动作、情绪、行为、注意力和记忆。它最主要的工作是进行思维理解和语言再现。

人类的大脑通过脑半球来支配自己的工作。左半球负责人的右半边的身体活动，而右半球负责人的左半边的身体活动。大脑皮层分为几个区域。每个区域都有自己的职责。

小脑

负责协调人体的运动和肌肉的记忆存储，同时还能维持身体的平衡、调节肌肉的紧张度。多亏了小脑，人类才可以保持某种姿势。

脑干

将脑与脊髓连接在一起。它调节人体的呼吸、心跳和消化活动。

顶叶

具有将部分连接成整体的能力。比如，它能连词成句。能感知热度、冷度和疼痛。同样也可以在一定空间里辨别方向和感知身体。比如，辨别左右方向。

额叶

是大脑的指挥中心。它位于负责大脑自主性和能动性的中心区域。它监控管理人的行为动作。它的另一个任务是掌握人的习惯。除此之外，额叶还兼任维持身体垂直状态的功能。

枕叶

处理视觉信息：色彩、形态、动作。也就是说我们眼睛能看见的景象都是由枕叶处理的。枕叶让我们识别我们所见到的：树木、道路或是人的脸部。

颞叶

处理听觉信息，辨析语句并且丰满言语，负责人的言语和交流。它还可以帮助理解他人的面部表情。颞叶中还存有人的嗅觉中心和长时记忆。我们的回忆就是存在这里。

原子

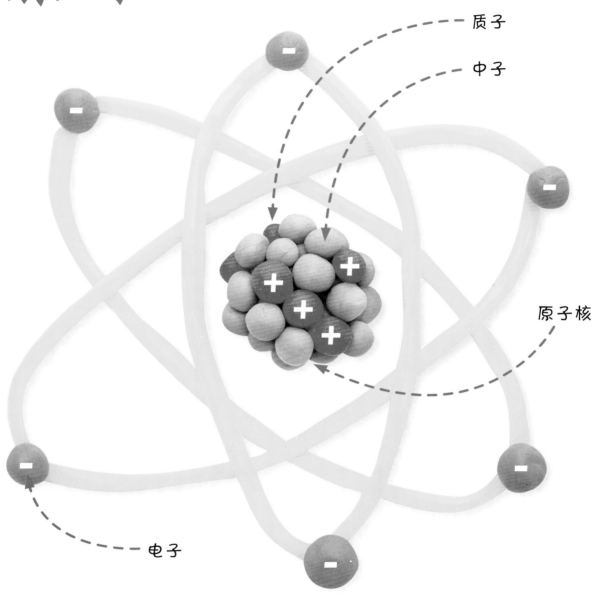

质子

中子

原子核

电子

我们看到的所有东西都是由最小的原子构成的，原子聚合在一起形成分子。科学家证明，任意一样我们肉眼可见的东西，比如一粒沙，都含有大量的原子，它们的数量比银河系中星星的数量还要多。

质子
是一种带正电荷
的粒子。

电子
是一种带负电荷的粒子，位
于原子核外的电子云处，它
们在自己的轨道上运动。

中子
和质子一样大，但不
携带电荷，因此人们
说"中子"这个词就
是"既不带正电，也
不带负电"的意思。

原子核
被电子云包裹着，这些电子云
是由带负电的电子组成的。电
子在固定的轨道——原子轨道
上运动，就像太阳系中的行星
绕着太阳运动一样。

成品 ！ 捏出不同颜色的质
子、中子、电子

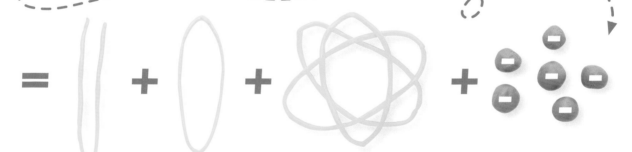

1 世界上最简单的原
子是氢原子，它由
一个质子和一个电
子组成。

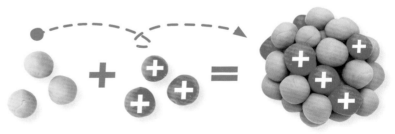

物理学家证明，带有不同电荷的微粒会
相互吸引。这就解释了为什么带负电荷的电
子始终在带正电荷的质子附近运动而不会越
出一个原子的边界。

2 在每一个原子中，原子核
里的质子数量和电子云里
的电子数量相等。因此原
子整体呈中性，是一个不
带电的微粒。

分 子

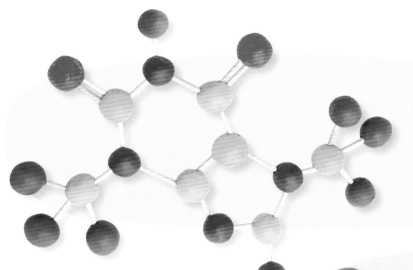

可可（豆）碱
$C_7H_8N_4O_2$，是可可以及巧克力的组成成分。

盐分子
NaCl是机体进行物质交换必不可少的物质。

水分子
H_2O是地球上所有生命最重要的物质。

血清素
$C_{10}H_{12}N_2O$是让人保持良好心情的荷尔蒙，在人脑以及某些食物中存在。

分子就像砖块一样，构成了世界上的一切事物。你们环顾一下四周，看到的树、土地、空气、生物，甚至微小的灰尘，都是由分子组成的。但分子很小，我们用肉眼看不见它们。

不同物质的分子有很大区别。最简单的分子由两到三个原子构成（比如氮分子、氧气、臭氧、二氧化碳）。而复杂的分子由一连串的原子构成（这样的分子大多存在于生物体中）。

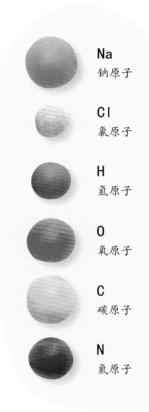

Na
钠原子

Cl
氯原子

H
氢原子

O
氧原子

C
碳原子

N
氮原子

氧气

O_2是空气的组成部分，对地球上的生命来说是不可或缺的。

苯

C_6H_6是汽油的组成部分，可以用来制作塑料、橡胶和颜料。

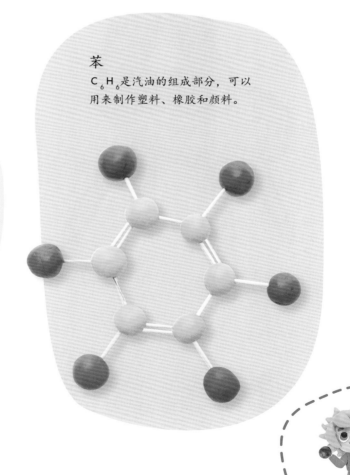

二氧化碳

CO_2在呼吸时被呼出。

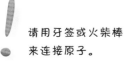

请用牙签或火柴棒来连接原子。

物质状态

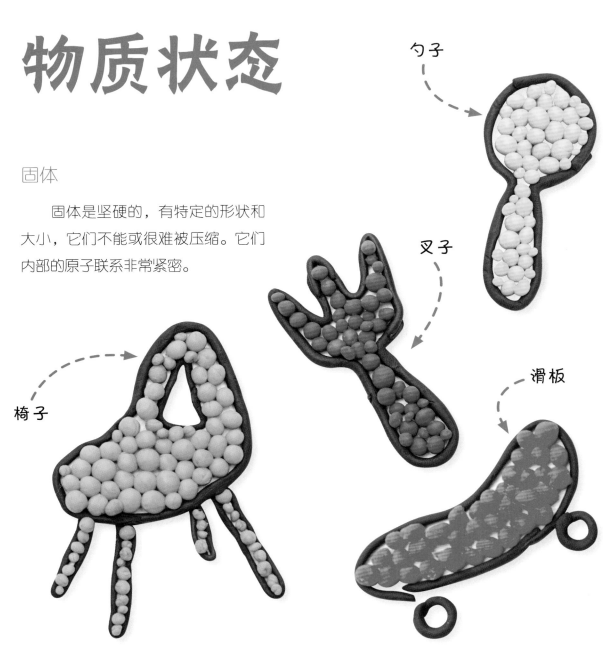

勺子

叉子

滑板

椅子

固体

固体是坚硬的，有特定的形状和大小，它们不能或很难被压缩。它们内部的原子联系非常紧密。

地球上任何一个物体都处于以下三种状态中的一种：固态、液态和气态。物体可以由一种状态转换到另一种状态。比如在温暖的环境中固态的冰会变成液态的水；反过来，在低温情况下水会结成冰。此外经过加热，水还会蒸发变成气态的水蒸气。

牙膏

水

颜料

液体

　　液体很容易改变形状，但体积不变。液体中的原子分布不那么紧密，因此它们可以自由运动。液态通常被认为是固态和气态的中间状态。

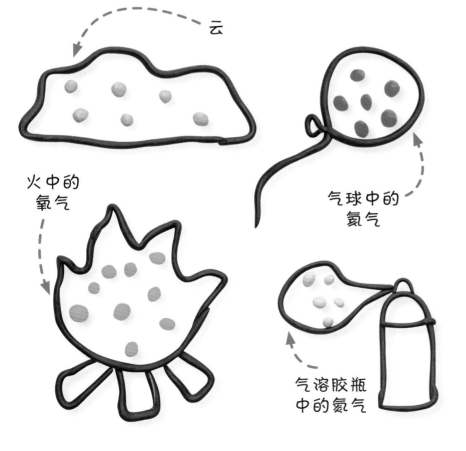

云

火中的氧气

气球中的氦气

气溶胶瓶中的氮气

气体

　　气体具有轻盈易扩散的性质，比如空气。气体没有固定的形状和体积。它充斥着整个空间，渗透到空间的每一个角落。气体中的原子彼此相隔很远。

灯 泡

白炽灯

　　白炽灯发出一种最接近于太阳光的人造光。人们认为它不像节能灯那样耐用、经济。但也有例外，比如利弗莫尔（美国）消防站的百岁灯泡从1901年起使用至今。

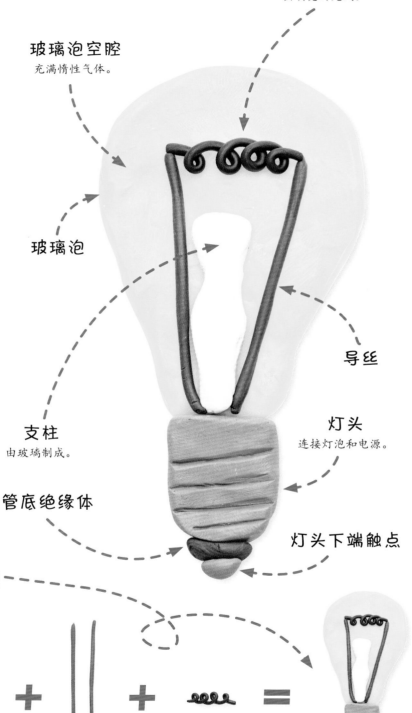

螺旋钨丝
加热到3000摄氏度就会发出明亮的光线。

玻璃泡空腔
充满惰性气体。

玻璃泡

导丝

支柱
由玻璃制成。

灯头
连接灯泡和电源。

管底绝缘体

灯头下端触点

成品

节能灯

节能灯结实耐用，因为它消耗的电能较少。节能灯既可以提供暖色光，也可以提供冷色光。这种灯不能和一般的生活垃圾一起丢弃，因为它含有有害的气体汞，它应当被回收到特定的地方。

玻璃管
填充有气态汞和氩，内部涂上一层荧光物质，这是一种能把吸收的能量转化为光的物质。

电子板
在上面安装有保证灯光发射及稳定输出的器件。

导丝

保险器
防止电子板因电压变化被烧坏。

成品

灯头
连接灯泡和电源。

灯座
由不可燃烧的塑料制成。

灯头绝缘体

灯头下端触点

飞机

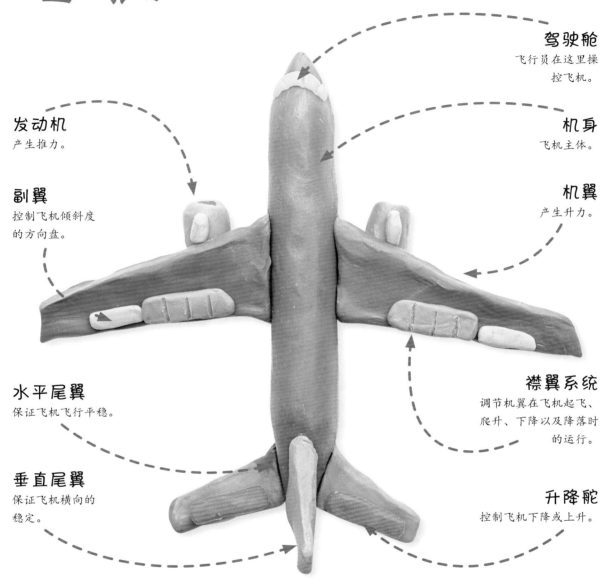

驾驶舱
飞行员在这里操控飞机。

发动机
产生推力。

机身
飞机主体。

副翼
控制飞机倾斜度的方向盘。

机翼
产生升力。

水平尾翼
保证飞机飞行平稳。

襟翼系统
调节机翼在飞机起飞、爬升、下降以及降落时的运行。

垂直尾翼
保证飞机横向的稳定。

升降舵
控制飞机下降或上升。

飞机是一种飞行器，不同于气球和滑翔机的是它有发动机，因此飞机不依赖于风和气流。

1 飞机飞过留下的"脚印"是由水蒸气形成的。如果飞机留下一条细细窄窄的"脚印"，说明空气湿度低，天气晴朗，如果"脚印"宽，说明湿度高并且马上要下雨。

2 现代客机在外观上和20世纪60年代出现的客机差别不大。现在飞机设计师们主要致力于使用高科技材料来完善飞机发动机。

成品

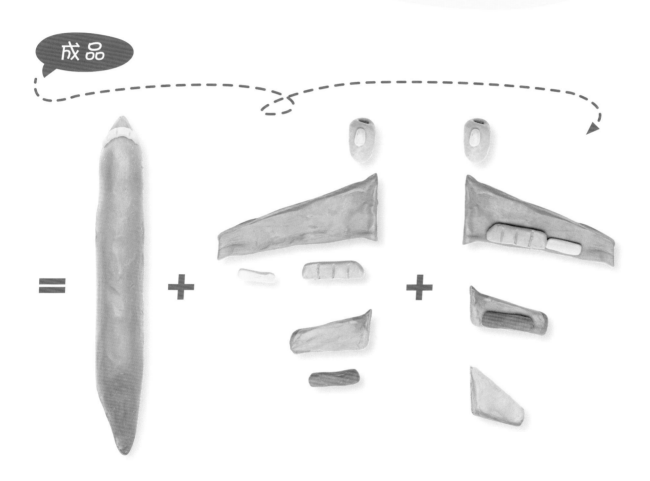

世界上第一架飞机被认为是美国人莱特兄弟发明的，1903年莱特兄弟驾驶人类的第一架飞机"飞行者一号"实现了第一次飞行。

潜水艇

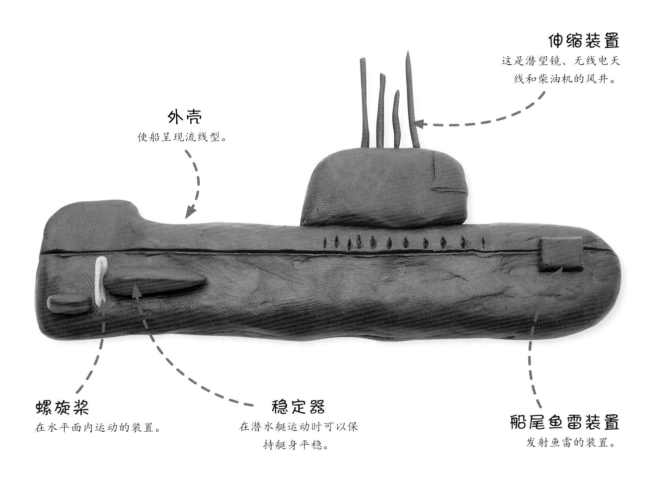

伸缩装置
这是潜望镜、无线电天线和柴油机的风井。

外壳
使船呈现流线型。

螺旋桨
在水平面内运动的装置。

稳定器
在潜水艇运动时可以保持艇身平稳。

船尾鱼雷装置
发射鱼雷的装置。

潜艇是一种可以潜入深水下的舰艇。潜艇可以作为军事用途，也可以用来进行海洋科学研究、勘探开采海底资源等。目前只有几个国家能够设计和生产大型潜艇。

通常，潜水艇被用于战争和科学研究方面。有时也用来运输邮件和乘客，甚至运输那些想参加水下狩猎的游客。

！ 首先捏出潜艇的大致外形，然后捏七个隔间，用不同的颜色并按照示意图填入相应的设备。

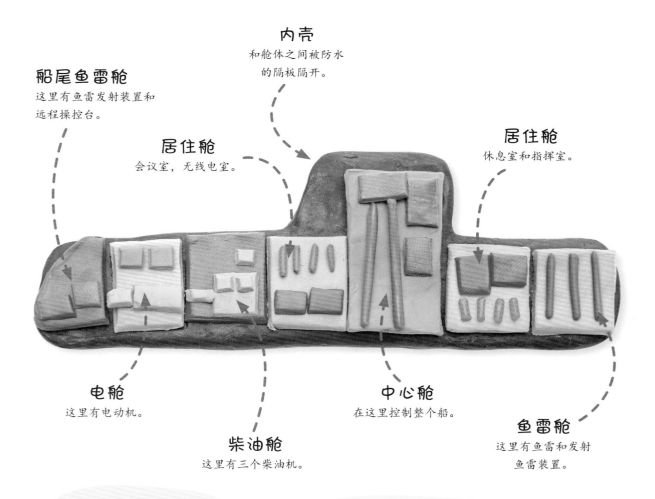

内壳
和舱体之间被防水的隔板隔开。

船尾鱼雷舱
这里有鱼雷发射装置和远程操控台。

居住舱
会议室，无线电室。

居住舱
休息室和指挥室。

电舱
这里有电动机。

柴油舱
这里有三个柴油机。

中心舱
在这里控制整个船。

鱼雷舱
这里有鱼雷和发射鱼雷装置。

1 20世纪初，潜水艇不惧风暴和遭遇冰山的危险，第一次驶过北极冰川的下方。

2 潜水艇甚至完成了环球旅行。20世纪中期，两种型号的核潜艇花了45天穿越了大西洋和太平洋。在此期间，潜水艇一次都没有上升至水面。

自行车

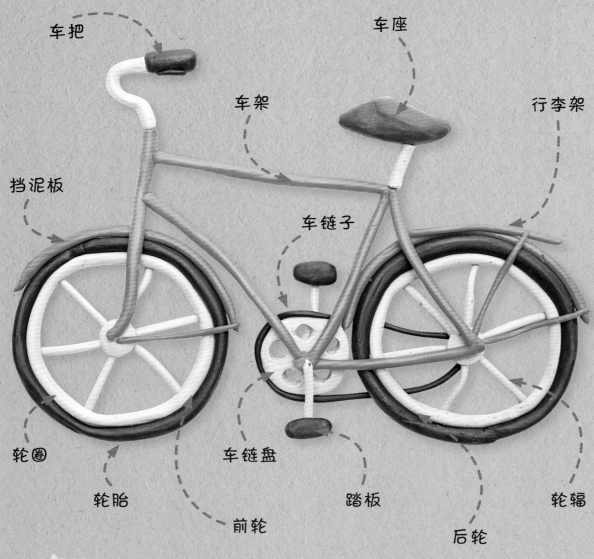

车把

车座

车架

行李架

挡泥板

车链子

轮圈

车链盘

踏板

轮辐

轮胎

后轮

前轮

自行车是一个简单而实用的发明，比汽车出现的还要早。它是靠人力移动的。第一辆自行车几乎是在同一时间在不同的国家被生产出来的。

自行车很常见。骑着它可以从一个地方到另一个地方旅行、运动。还可以用它来运输货物，例如送外卖或者送邮件。在第一次世界大战和第二次世界大战期间，还有过自行车部队。

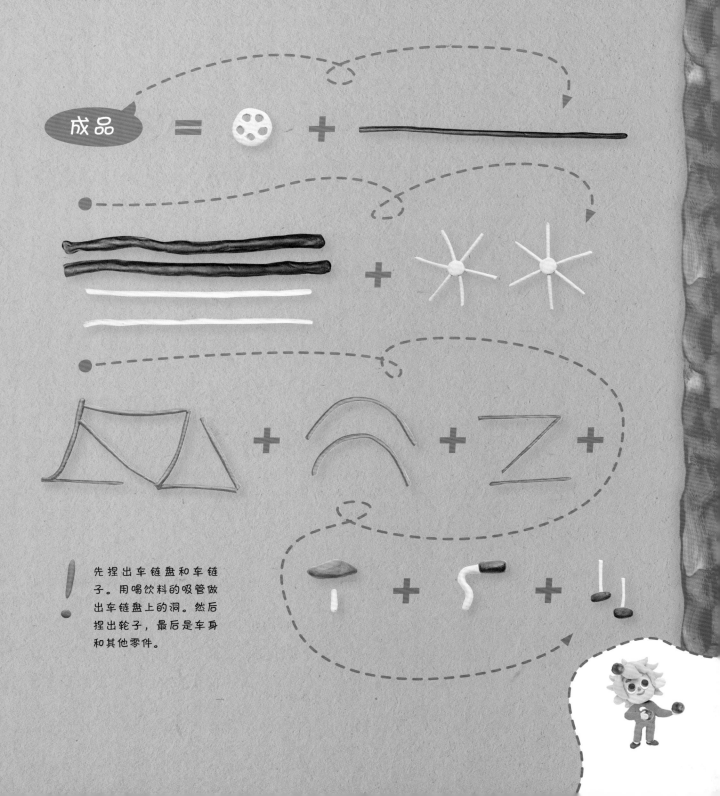

先捏出车链盘和车链子。用喝饮料的吸管做出车链盘上的洞。然后捏出轮子，最后是车身和其他零件。

消防车

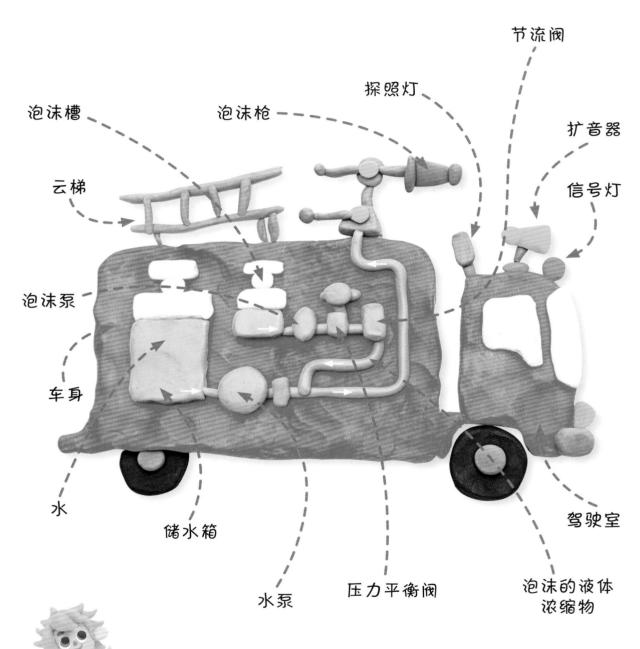

泡沫槽

云梯

泡沫泵

车身

水

储水箱

泡沫枪

探照灯

节流阀

扩音器

信号灯

驾驶室

泡沫的液体
浓缩物

压力平衡阀

水泵

消防车又称救火车，是专门用作灭火或其他紧急用途的救灾车辆。消防车平常驻扎在消防局内，遇上火警时由消防员驾驶开赴现场。多数地区的消防车都是涂上鲜艳的红色，在车顶上装有警示灯和蜂鸣器。

1 第一辆消防车没有盖。到达现场后，消防队员迅速从车里跳出，开始灭火。

2 消防车用抽水泵抽水。在消防车里可以同时有11条消防水管。每条消防水管的长度为20米。

成品

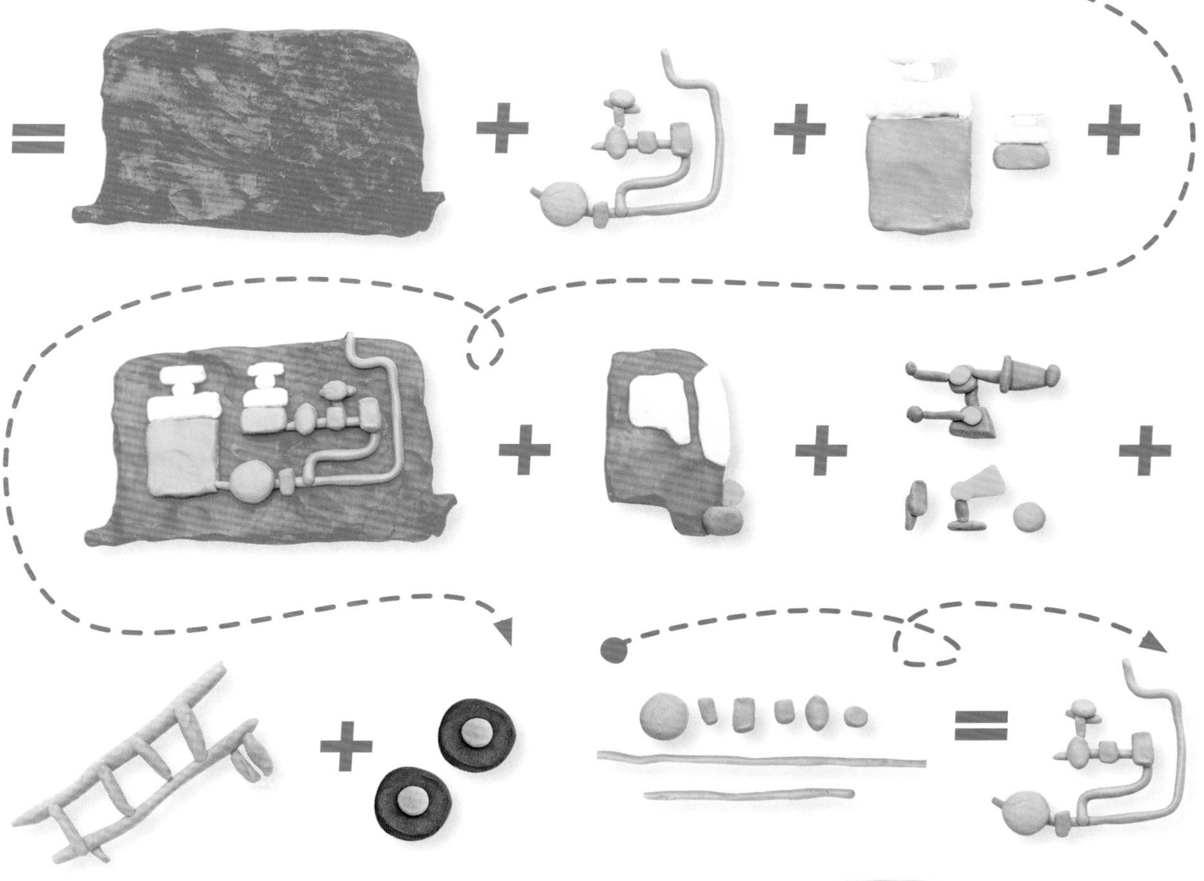

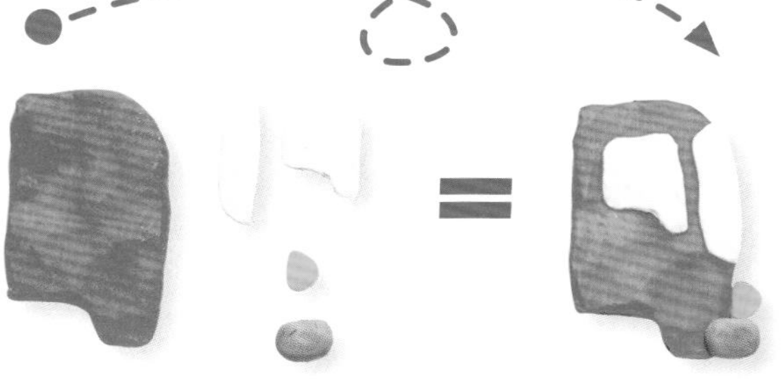

3 用水来灭火不是所有情况都有效的，我们经常会用泡沫灭火。很多辆消防车里都有泡沫储罐。

帆 船

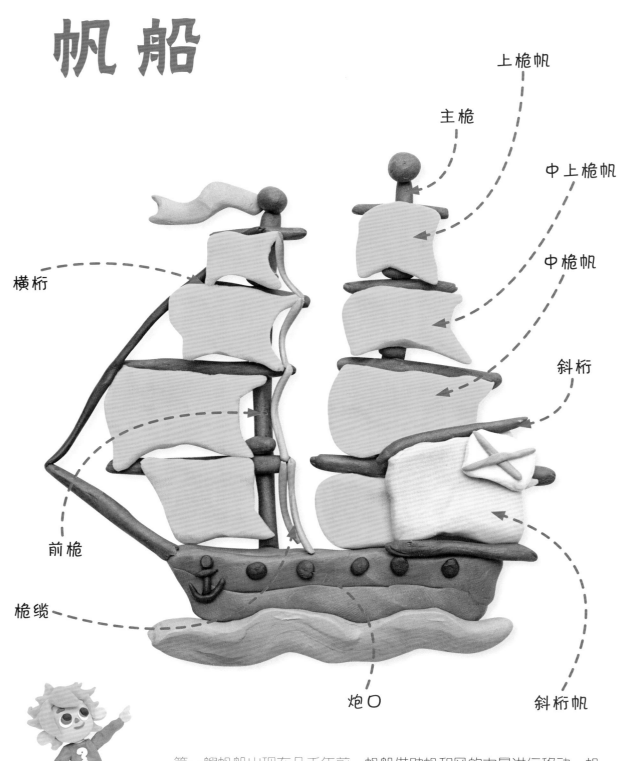

上桅帆

主桅

中上桅帆

中桅帆

横桁

斜桁

前桅

桅缆

炮口

斜桁帆

第一艘帆船出现在几千年前。帆船借助帆和风的力量进行移动。帆船手可以将船速调得飞快。

1 根据文献记载，中国最早的帆船出现在汉朝。汉朝时中国帆船设计4个风帆，并不直接迎风，而是横向稍倾斜地面对迎风面，使船只能够在逆风之下前进。

3 郑和率领两百多艘海船、两万多名船员的庞大船队远航，拜访了三十多个在西太平洋和印度洋的国家和地区。一直到1433年，一共远航了有7次之多，每次都由太仓刘家港出发。最后一次，1433年4月回程到古里时，郑和在船上因病过世。

2 明代郑和进行了7场连续的大规模远洋航海，跨越了东亚地区、印度次大陆、阿拉伯半岛及东非各地，被认为是当时世界上规模最大的远洋航海项目。

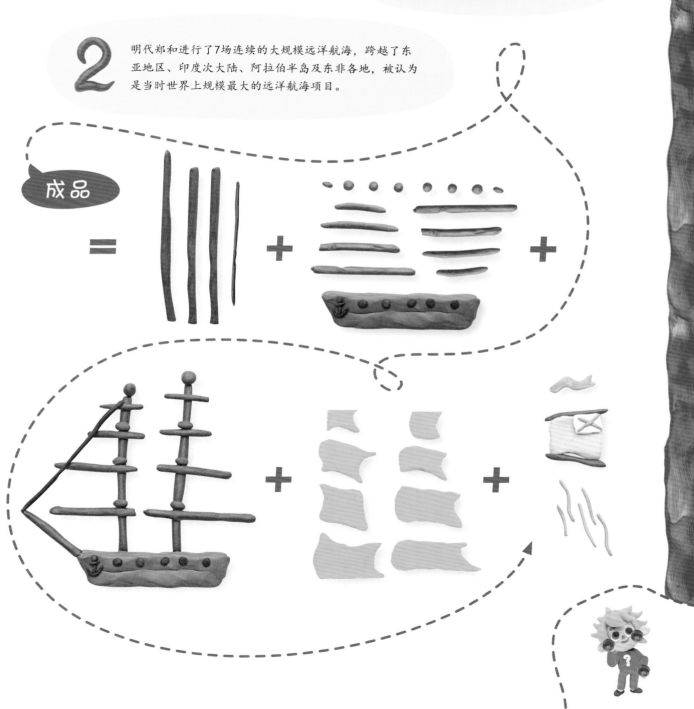

成品

埃及金字塔

从外面看金字塔是这样的，那么，金字塔里面是什么样的呢?

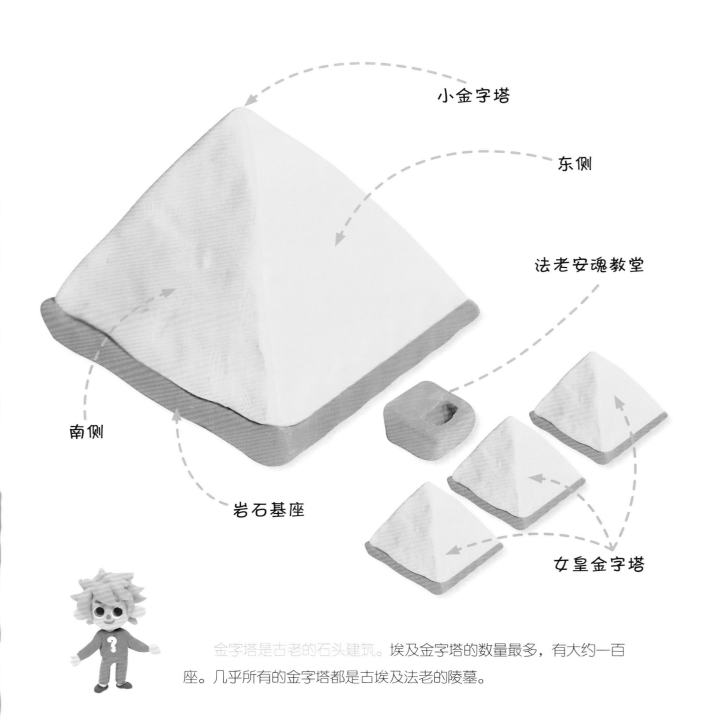

小金字塔

东侧

法老安魂教堂

南侧

岩石基座

女皇金字塔

金字塔是古老的石头建筑。埃及金字塔的数量最多，有大约一百座。几乎所有的金字塔都是古埃及法老的陵墓。

小金字塔是一块金字塔形状的石头，一般位于埃及金字塔塔顶。这种石头没有一块被保留至今。但是我们可以在博物馆里看到几块这种石头。

1 小金字塔是镀金、镀铜或镀合金的。所以在日出和日落时，金字塔顶端会因为太阳光的反射而闪闪发光。

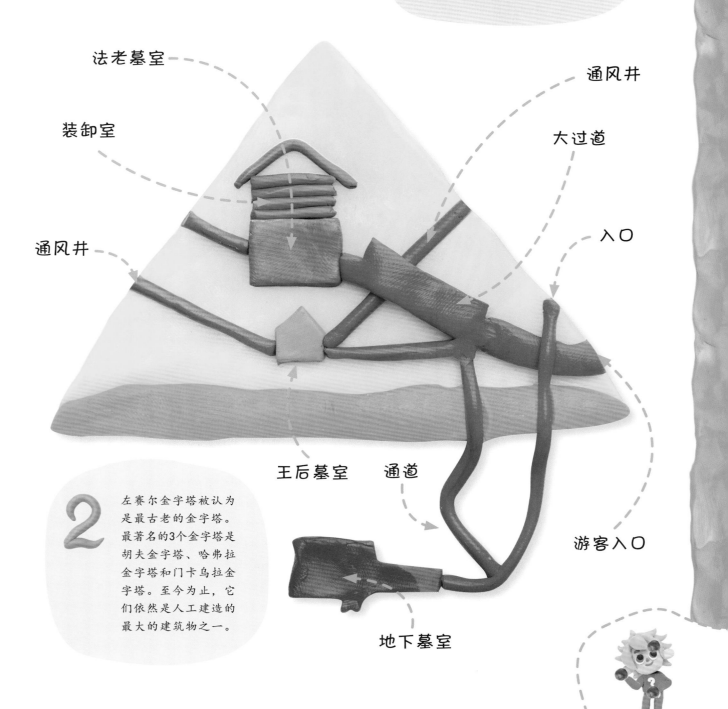

法老墓室

装卸室

通风井

通风井

大过道

入口

王后墓室　通道

游客入口

地下墓室

2 左赛尔金字塔被认为是最古老的金字塔。最著名的3个金字塔是胡夫金字塔、哈弗拉金字塔和门卡乌拉金字塔。至今为止，它们依然是人工建造的最大的建筑物之一。

恐龙骨骼

头骨

颈椎

肩

肋骨

尾骨

坐骨

大腿骨

耻骨

后肢

前肢

恐龙是一种数千百万年前生活在地球上的独特的脊椎动物。"恐龙"一词拉丁语的含义是"可怕的，令人恐惧的蜥蜴"。

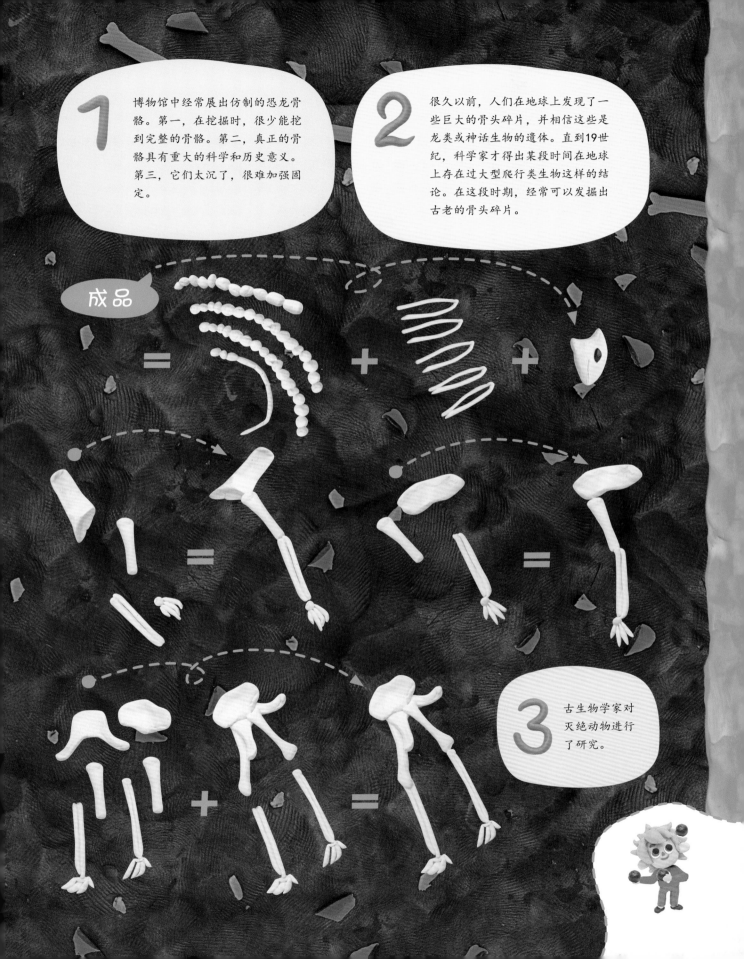

1 博物馆中经常展出仿制的恐龙骨骼。第一，在挖掘时，很少能挖到完整的骨骼。第二，真正的骨骼具有重大的科学和历史意义。第三，它们太沉了，很难加强固定。

2 很久以前，人们在地球上发现了一些巨大的骨头碎片，并相信这些是龙类或神话生物的遗体。直到19世纪，科学家才得出某段时间在地球上存在过大型爬行类生物这样的结论。在这段时期，经常可以发掘出古老的骨头碎片。

成品

3 古生物学家对灭绝动物进行了研究。

勇士 盔甲

头盔
可视呼吸孔
帽舌
肩甲
护腕
弯头
项链
护胸甲
长手套
搭膝
矮皮靴
护膝
裙子
绑腿

盔甲是一种用薄铁、皮革等制成的，用于保护身体免受冷兵器和投掷兵器伤害的特殊的服装。

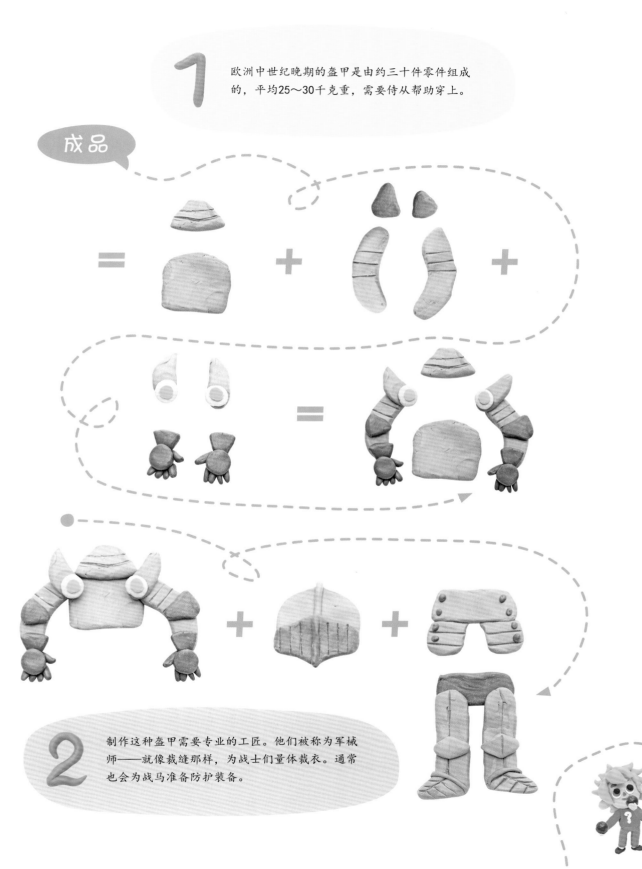

1 欧洲中世纪晚期的盔甲是由约三十件零件组成的，平均25～30千克重，需要侍从帮助穿上。

成品

2 制作这种盔甲需要专业的工匠。他们被称为军械师——就像裁缝那样，为战士们量体裁衣。通常也会为战马准备防护装备。

西伯利亚木屋

小木马

阁楼小窗

屋顶防潮护板的
端头雕刻

正面板

防护板

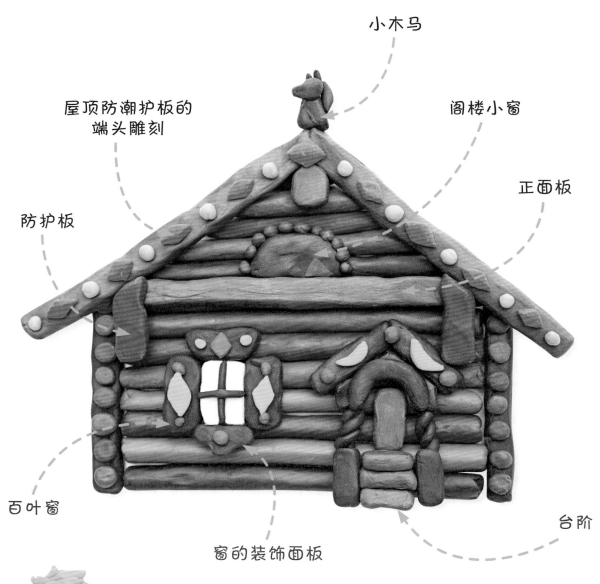

百叶窗

窗的装饰面板

台阶

小木屋是一种在西伯利亚地区常见的圆木造的房子。最初，建造小木屋时不用钉子。因此它可以拆卸并且迁移到很远的地方，甚至可以沿河而建。

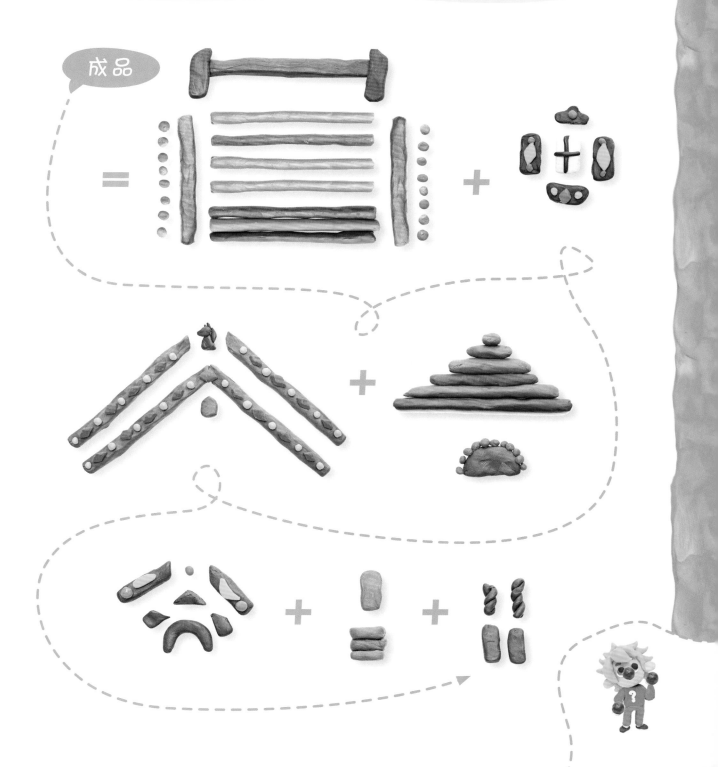

国 旗

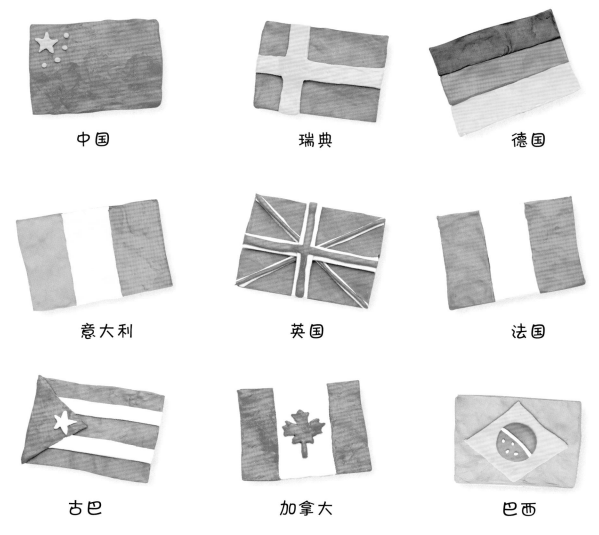

中国　　　　　　　　瑞典　　　　　　　　德国

意大利　　　　　　　英国　　　　　　　　法国

古巴　　　　　　　　加拿大　　　　　　　巴西

国旗是一个国家的官方标志。它展示了对于这个国家的人民来说，什么是最重要的。通常，国旗上的图形是由不同的颜色组成的，它们有着特殊的含义。

有时候，在国旗上会描绘某种图案。比如，日本的国旗上有一个红圆圈，它象征着太阳。加拿大的国旗上是枫叶，而巴西的国旗上是星座。

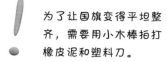
为了让国旗变得平坦整齐，需要用小木棒拍打橡皮泥和塑料刀。

美国

加纳

阿根廷

俄罗斯

毛里求斯

埃塞俄比亚

日本

澳大利亚

泰国

突尼斯